第三版
Webデザイナー検定
エキスパート公式問題集

JN123684

Contents

CG-ARTS検定は
画像を中心とした
情報処理の5つの検定です.

検定や書籍の最新情報は,Webサイトをご覧ください.

www.cgarts.or.jp

検定の特徴

➡ 変化に対応できる人材の育成

特定のソフトウェアやマシン環境に依存しない知識の理解とその応用力を評価.プロフェッショナルに求められる専門知識の習得を評価し,つねに新しい知識や技術を習得して変化に対して柔軟に対応できる能力を重視します.

➡ 83万人が受験,37万人の合格者が活躍

CG-ARTSが次代の産業,文化,社会を担う人材の育成を目指し,初めてCG試験(検定)を実施したのは1991年.その後,検定は時代のニーズに合わせてカタチを変え,現在に至ります.これまでに約83万人が受験,約37万人の合格者が,産業界・文化・学術・教育界で活躍しています.

➡ 300人の専門家による信頼の内容

検定試験やテキストのベースとなるカリキュラムは,制作現場で活躍するクリエイター,エンジニア,そして企業の開発部門や大学などの教育機関に所属する研究者,約300名の協力により作成.専門領域ごとに体系的,網羅的に内容がまとめられています.

➡ ベーシックとエキスパートで着実にステップアップ

現場で役立つ実践・実務能力の習得を目指したカリキュラムに基づき,ベーシックでは専門知識の理解を,エキスパートでは専門知識の理解と応用を評価.学習に応じて,無理なくステップアップが図れます.

各検定は,画像を中心とした情報分野を扱う点でリンクしています.テーマや範囲が重なり合うため,1つの検定を学ぶことが,ほかの検定の学習につながっています.

マルチメディア検定

4つの専門知識を支える検定

マルチメディアに関連するディジタルコンテンツ,情報技術の基本的な知識と,日常生活や社会へのマルチメディアの応用について,幅広い知識を測ります.

●こんな職種にオススメ

ICTを活用するビジネスパーソン全般

CGクリエイター検定

デザインや2次元CGの基礎から,構図やカメラワークなどの映像制作の基本,モデリングやアニメーションなどの3次元CG制作の手法やワークフローまで,表現に必要な多様な知識を測ります.

●こんな職種にオススメ

CGデザイナー	CGアニメータ
ゲームクリエイター	CGモデラ
CGディレクター	グラフィックデザイナー

Webデザイナー検定

コンセプトメイキングなどの準備段階から,Webページデザインなどの実作業,テストや評価,運用まで,Webデザインに必要な多様な知識を測ります.

●こんな職種にオススメ

Webデザイナー	Webプロデューサ
Webプランナ	フロントエンドエンジニア
Webマスタ	営業・販売

CGエンジニア検定

アニメーション,映像,ゲーム,VR,ARアプリなどのソフトウェアの開発やカスタマイズ,システム開発を行うための知識を測ります.

●こんな職種にオススメ

CGプログラマ	ゲームプログラマ
ソフトウェアエンジニア	CADエンジニア
テクニカルディレクタ	

画像処理エンジニア検定

工業分野,医用,リモートセンシング,ロボットビジョン,交通流計測,バーチャルスタジオ,画像映像系製品などのソフトウェアやシステム,製品などの開発を行うための知識を測ります.

●こんな職種にオススメ

エンジニア

プログラマ

開発・研究者

出題範囲

Webデザイナー検定エキスパートとベーシック

Webデザイナー検定　エキスパート

Webサイトに関する専門的な理解と，企画や制作，運用の知識を応用する能力を測ります．

Webデザインへの アプローチ	Webサイト制作に必要な人材と求められる能力， Webサイト制作の一般的なプロセスについての知識 ◆Webサイト制作業界の人材像　　◆Webサイト制作のプロセス
コンセプトメイキング	Webサイトのコンセプトメイキングのプロセスや，具体的な手法についての知識 ◆コンセプトの設定　　◆Webサイトの種類とコンセプト ◆さまざまな閲覧機器　　◆ほかのメディアとの関係
情報の構造	情報の収集・分類・組織化と，集められた情報を Webサイト構造へと展開する手法についての知識 ◆情報の収集と分類　　◆情報の組織化　　◆Webサイト構造への展開
インタフェースと ナビゲーション	Webサイトとユーザの接点となるインタフェースのあり方や， ナビゲーション機能の考え方，利用方法についての知識 ◆ユーザインタフェース　　◆ナビゲーション ◆ナビゲーションデザインの手法
動きの効果	Webサイトにおいて，動きを使った表現を可能にしている技法と， その表現をユーザビリティの観点から見た場合の注意点についての知識 ◆動きの技法と表現　　◆動きを導入する際の注意点 ◆動画像コンテンツ
Webサイトを 実現する技術	Webサイトで提供され各種サービスを実現している技術や， Webサイト自体を支えている技術についての知識 ◆Webサイトを実現する技術の基礎　　◆Webサイト上の機能 ◆Webサイト制作に用いられる言語　　◆バックエンドで活用する技術
Webサイトの テストと運用	Webサイトのテストと評価方法，公開後の運用や保守，メンテナンス作業， リニューアルのための各種分析手法についての知識 ◆Webサイトのテスト　　◆Web解析 ◆Webサイトの運用　　◆Webサイトのリニューアル
知的財産権	知的財産権に関する基本的な考え方と，著作権についての知識 ◆知的財産権　　◆著作権 ◆産業財産権と不正競争防止法

Webデザイナー検定 ベーシック

Webサイトの企画・制作に関する基礎的な理解と,Webページ制作に知識を利用する能力を測ります.

Webデザインへの アプローチ	インターネットの歴史, Webの特性, Webサイトの種類, Webサイトの制作フローについての基礎知識 ◆Webデザインを学ぶ前に ◆さまざまなWebサービス　◆Webサイトの制作フロー
コンセプトと情報設計	Webサイト制作における, コンセプトメイキング, 情報の組織化や構造化, さまざまな閲覧機器についての基礎知識 ◆コンセプトメイキング　　◆情報の収集・分類・組織化 ◆情報の構造化　　◆さまざまな閲覧機器
デザインと表現手法	Webサイト制作における, 文字や色, 画像の形式や編集, ナビゲーションとレイアウト, インタラクションについての基礎知識 ◆文字　　◆色　　◆画像　　◆インフォグラフィックス ◆ナビゲーション　　◆レイアウト　　◆インタラクション
Webページを 実現する技術	Webページを実現するための技術である, HTMLやCSS, Webページを制作するための手順についての基礎知識 ◆HTMLとCSSの学習準備 ◆HTMLの基礎　　◆CSSの基礎
Webサイトの 公開と運用	Webサイトの公開までのテストと修正, 公開後の評価と運用, Webサイトを利用していくうえでのセキュリティとリテラシ ◆テストと修正　　◆Webサイトの公開 ◆評価と運用　　◆セキュリティとリテラシ
知的財産権	知的財産権に関する基本的な考え方と, 著作権についての基礎知識

本書の構成

問題

CG-ARTSが実施した検定試験問題などを練習問題として再編し，エキスパート3回分の練習問題を掲載しています．

解説・解答

Webデザイナー検定エキスパートの検定問題についてより深く理解するため，取り外しができる「解説・解答」の小冊子を巻末に添付しています．

出題領域

問題がP.4の出題範囲一覧のどの領域に対応しているかを表記しています．

問題テーマ

どのようなテーマについて問う問題なのか表記しています．

解説

正解答を導くための考え方を各設問ごとに解説しています．

解答

正解答を表記しています．

Webデザイナー検定 エキスパート
練習問題1　解説・解答

第1問

- ●出題領域：知的財産権
- ●問題テーマ：知的財産権
- ●解説
- （1）写真の画像をインターネット上にアップロードするためには，A氏はB氏から公衆送信権の許諾を受ける必要があります．「公衆送信」とは，インターネットやテレビ放送などで，公衆によって直接受信されることを目的として無線通信または有線電気通信の送信を行うことです．**イ**の上映権は，映画など著作物を公に上映する権利，**ウ**の譲渡権は，映画以外の著作物の原作品（例：写真や絵画など）や複製物（例：書籍などを公衆へ譲渡（販売）する権利，**エ**の展示権は，美術の著作物と未発行の写真の著作物の原作品を公に展示する権利です．したがって，正解答は**ア**となります．
- （2）正解答は**エ**です．学術的な性質を有する図面や図表は，図形の著作物として保護されます（著作権法第10条1項6号）．
  - **ア**：著作権法上，映画の著作物は「映画の効果に類似する視覚的又は視聴覚的効果を生じさせる方法で表現され，かつ，物に固定されている著作物を含むものとする」（著作権法第2条3項）と定義されているため，劇場用映画に限らずRPGなどのゲームソフトも，映画の著作物として保護を受けられます．
  - **イ**：プログラムの著作物に関する登録は，一般財団法人ソフトウェア情報センターで行うことができます．創作後6ヵ月以内に創作年月日を登録することができます（著作権法第76条の2）．「著作権法」および「プログラムの著作物に係る登録の特例に関する法律」に基づき，文化庁長官から「指定登録機関」の指定を受け，昭和62年から，コンピュータプログラムの著作物の登録事務を実施しています．文化庁は著作権制度を所管していますが，プログラムの著作物に関する登録は行っていません．
  - **ウ**：データベースは，コンピュータで検索できる情報の集合物で，情報の選択または体系的な構成によって創作性を有するものは，データベースの著作物として保護されます．
- （3）正解答は**ウ**です．ある曲の編曲（音楽作品）は，二次的著作物であり，その利用許諾を得るときには，元の曲（原著作物）の作曲者と，編曲者（二次的著作物の著作者）の両方の著作者から利用許諾を得なければなりません．
  - **ア**：著作物（絵画など）の利用許諾を得ても，自動的に著作財産を取得することはありません．利用許諾とは単にライセンスを受けることであるため権利を取得することはできません．権利を取得するためには，権利の譲渡契約が必要です．
  - **イ**：写真撮影の場合，撮影対象から分離できず小さく写り込んでしまったほかの著作物（付随対象著作物）は，その権利者から別途利用許諾を得ることなく利用できます（著作権権利制限規定の付随対象物の利用：著作権法30条の2）．
  - **エ**：著作物の利用許諾を得るときには，許諾の範囲や契約期間などを限定して利用許諾を得ることができます．小説の場合でも，利用料金のみならず利用方法など詳細に利用許諾を得ることが望ましいといえます．
- （4）正解答は**ウ**です．物品（工業製品）に表示される画像デザインは，意匠法によって保護されます．
  - **ア**：意匠権の存続期間は出願日から25年で終了します（意匠法改正で2020年4月より施行）．
  - **イ**：意匠権は物品のデザインを保護する権利であり，トレードマークやサービスマークを保護するのは商標権です．
  - **エ**：意匠権を取得するためには，特許庁に出願し，審査などの一定の手続きを経て登録されてはじめて権利が発生します．著作権のように，創作した時点で自動的に意匠権は発生しません．

- ●[解答：（1）ア　（2）エ　（3）ウ　（4）ウ]

2

本試験の問題・解答・解答用紙

過去2回分の試験問題，解答，および解答用紙をWebサイトに掲載しています．実際の試験は解答用紙（マークシート）に記入する形式です．解答の記入にあたっては注意事項をよく読んで本番の参考としてください．

https://www.cgarts.or.jp/kentei/past/

Webデザイナー検定

エキスパート

練習問題1

第1問

以下は，知的財産権に関する問題である．（1）〜（4）の問いに最も適するものを解答群から選び，記号で答えよ．

（1）A氏は，B氏が撮影した風景写真をインターネット上に掲載したいと考えている．著作権法上，A氏が適法に写真を掲載するためにB氏から許諾を受ける必要のある権利はどれか．

【解答群】
　　ア．公衆送信権　　　　イ．上映権　　　　　ウ．譲渡権　　　　　エ．展示権

（2）著作物に関する説明として，正しいものはどれか．

【解答群】
　　ア．RPGなどのゲームソフトは，ストーリー性があっても映画ではないため，映画の著作物としての保護を受けることはない．
　　イ．プログラムの著作物は創作年月日を登録することができる．登録手続きは，著作権制度を所管する文化庁で行うことができる．
　　ウ．データベースは，情報の寄せ集めにすぎないため，著作物として保護されることはない．
　　エ．学術的な性質を有する図面や図表は，著作物として保護される．

（3）著作権者から著作物の利用許諾を得るときに注意すべきことの説明として，正しいものはどれか．

【解答群】
　　ア．絵画の利用許諾を得ると，自動的にその絵画の著作財産権を取得することになるため，権利内容について当事者どうし十分に確認すべきである．
　　イ．写真を利用する場合，その写真のみならず写真に小さく写り込んでいる著作物の利用許諾も得なければならない．
　　ウ．編曲された楽曲の場合，元の曲の作曲者と編曲者の両者から利用許諾を得なければならない．
　　エ．小説の場合，一般に許諾の範囲や契約期間など，どのような方法で利用するかまで事前に著作権者に申請する必要はないが，利用料金については事前に確認をとることが望ましい．

（4）産業財産権の1つである意匠権と，それによって保護される意匠に関する説明として，正しいものはどれか．

【解答群】
　ア．意匠権の存続期間は設定登録日から10年で，10年ごとに更新が可能である．
　イ．意匠には，トレードマークとサービスマークが含まれる．
　ウ．意匠には，物品（スマートフォンなど）を操作する操作画像としての画像デザインが含まれる．
　エ．意匠を創作した時点で意匠権が発生する．

第2問

　以下は，コンセプトメイキングに関する問題である．ａ～ｄの問いに最も適するものを解答群から選び，記号で答えよ．

ａ．コンセプトメイキングに関する説明として，適切なものはどれか．

【解答群】
　　ア．コンセプトメイキングはWebサイト開設者の利益を最大化することを目的とする．そのため，ユーザ側の利益についてはコンセプトメイキングが完了したあとに検討する必要がある．
　　イ．コンセプトメイキングによって方向付けされたコンセプトは，Webサイト制作に関わるチームメンバで共有されることが重要である．
　　ウ．コンセプトメイキングはWebサイト構築案件の初期段階から完了まで，長期間にわたって行われるものであり，適宜変更されるものである．
　　エ．コンセプトメイキングでは，制作するWebサイトの基本コンセプトを設定するまでにとどめ，デザインやナビゲーションといった具体的な施策を検討する必要はない．
　　オ．Webサイトのリニューアルに際しては，現状の基本コンセプトを引き継ぐため，改めてコンセプトメイキングを行う必要はない．

b. 実際のコンセプトメイキングの作業に関する説明として，適切なものをすべて選んだ組み合わせはどれか．

[説明]
①Webサイトのリニューアルに際しては，現状のWebサイトの課題や問題点を抽出することがとくに重要である．
②コンセプトメイキングでは，ヒアリングによる情報収集が重要だが，Webサイト開設者よりも利用者であるユーザへのヒアリングを重点的に行う必要がある．
③課題抽出にあたっての分析手法としては，Webサイトを取り巻く要素の関係性について，内的要因と外的要因を区別しながら行うシナリオ分析が重要である．
④コンセプトの設定にあたっては，おもにWebサイト開設者へのヒアリングによって課題や問題点を抽出する必要がある．これを分析的アプローチとよぶ．
⑤ユーザの視点からの分析においては，ターゲットとなるユーザ層を明確化し，Webサイトの利用価値を分析することが重要である．

【解答群】
ア．①，③　　　　　　　イ．①，⑤　　　　　　　ウ．②，④
エ．①，②，⑤　　　　　オ．②，③，④　　　　　カ．③，④，⑤

c. コーポレートサイトの構築に向けたコンセプトメイキングで留意すべき点の説明として，適切なものをすべて選んだ組み合わせはどれか．

[説明]
①コーポレートサイトのターゲットユーザに，障がいのあるユーザや高齢者のユーザが含まれる場合はアクセシビリティ対応を重視する必要がある．
②一般的なコーポレートサイトのターゲットユーザは，投資家や取引先企業，求職者など幅広い場合があり，それぞれに適切な情報を掲載するだけでなく，ターゲットに即したナビゲーションを検討する必要がある．
③コーポレートサイトは，ランディングページなどとは異なり，情報を提供することがおもな目的となるため，画像や色の使用を控えるなどデザインは極力簡素なものとする．
④一般的なコーポレートサイトのターゲットユーザは，おもに消費者であるため，消費者の関心の高い情報をコンテンツとして掲載するようにする．
⑤コーポレートサイトでは，ブランディングイメージを具体化する媒体としての役割もあるため，コーポレートのブランドイメージを明確に表現したデザインが要求される．

【解答群】
ア．①，②，④　　　　　イ．①，②，⑤　　　　　ウ．①，③，⑤
エ．②，③，④　　　　　オ．②，④，⑤　　　　　カ．③，④，⑤

d. ショッピングサイトや会員制サービスを提供するWebサイトにおけるコンセプトメイキングで留意すべき点の説明として，適切なものをすべて選んだ組み合わせはどれか．

[説明]
①会員制サービスを提供する場合，会員と非会員それぞれに対して適切な情報を提供するため，Webサイト内の情報構造を検討する必要がある．
②多くのショッピングサイトが存在するため，差別化を重視し，ほかのWebサイトでは使われていないナビゲーション手法を考える必要がある．
③決済機能を実装するだけでなく，リコメンド機能やお気に入り機能など，ユーザにとって利便性の高い機能を実装するなど，顧客誘導に工夫が求められる．
④単なる情報掲載だけでなく，システムが連動するWebサイトとなるため，デザイナーなどのクリエイティブスタッフとシステムエンジニアなどがコンセプトを共有することが重要である．
⑤商品を探すなどの目的をもったユーザがターゲットとなり，Webサイトをじっくりと閲覧してもらうことが目的となるため，直観的操作は極力できないようにする．

【解答群】
ア．①，③　　　　　　イ．②，④　　　　　　ウ．①，②，④
エ．①，③，④　　　　オ．②，④，⑤　　　　カ．③，④，⑤

第3問

　以下は，さまざまな閲覧機器への対応手法とメディアに関する問題である．a 〜 dの問いに最も適するものを解答群から選び，記号で答えよ．

a．Webサイトの閲覧に用いられるさまざまな機器への対応手法として，専用サイト，ダイナミックサービング，レスポンシブウェブデザインの3つの手法がある．これらの手法の特徴に関する説明の組み合わせとして，適切なものはどれか．

【解答群】

	専用サイト	ダイナミックサービング	レスポンシブウェブデザイン
ア	URLは1つだけ用意しておき，アクセスしてきた閲覧機器の種類をサーバ側で判別し，それぞれの機器に合ったHTMLファイルやCSSファイルを配信する．	閲覧機器ごとに別々のURLを用意しておき，閲覧者にはそれぞれの機器に合ったURLにアクセスしてもらう．	データを受信した閲覧機器の側でCSSファイルやJavaScript機能を用いて，その機器で見やすいように自動的にWebサイトのレイアウトを変える．
イ	閲覧機器ごとに合わせたHTMLファイルやCSSファイル，画像などを用意する．	HTMLファイルとCSSファイルはそれぞれの閲覧機器に合わせて作成したものを事前に用意しておくか，対応したCMSを用いる．	URLは1つだけ用意しておき，アクセスしてきた閲覧機器の種類をサーバ側で判別し，それぞれの機器に合ったHTMLファイルやCSSファイルを配信する．
ウ	閲覧機器ごとに別々のURLを用意しておき，閲覧者にはそれぞれの機器に合ったURLにアクセスしてもらう．	URLは1つだけ用意しておき，アクセスしてきた閲覧機器の種類をサーバ側で判別し，それぞれの機器に合ったHTMLファイルやCSSファイルを配信する．	すべての閲覧機器に対して，共通のURL，HTMLファイル，CSSファイルを用いる．
エ	HTMLファイルとCSSファイルはそれぞれの閲覧機器に合わせて作成したものを事前に用意しておくか，対応したCMSを用いる．	閲覧機器ごとに合わせたHTMLファイルやCSSファイル，画像などを用意する．	閲覧機器ごとに別々のURLを用意しておき，閲覧者にはそれぞれの機器に合ったURLにアクセスしてもらう．

b．レスポンシブウェブデザインに関するメリットの説明として，適切なものをすべて選んだ組み合わせはどれか．

［説明］
①HTMLファイルやCSSファイルなどを対象となる機器に特化して作成できるため，ユーザインタフェースやデザインなどを各機器の特性に合わせてつくり込むことができる．
②個々の閲覧機器の特性ではなく，ビューポートの横幅という基準で単純化してとらえているため，多様な機器への対応がしやすい．
③ページ数が多いうえに情報の更新頻度も高く，パーソナルコンピュータでも，スマートフォンでも同様の情報を提供したいコーポレートサイトやECサイトなどに適している．
④情報量がさほど多くなく，ユーザインタフェースやデザインに凝った仕掛けが求められるWebサイトなどに適している．

【解答群】
ア．①，②　　　　　　イ．①，③　　　　　　ウ．①，④
エ．②，③　　　　　　オ．②，④　　　　　　カ．③，④

c．表1は，リアル店舗での消費者の商品購買におけるユーザ行動理論（AIDMA理論）をインターネット上での消費行動へ応用したAISCEAS理論について説明したものである．表1中の　　　　に入る心理プロセスの組み合わせとして，適切なものはどれか．

表1

心理プロセス	注意	①	②	③	④	⑤	共有
利用メディア	各種リアル広告 ・テレビCM ・新聞広告 ・ラジオCM ・店頭広告 ・駅貼り広告等	ランキング情報 おすすめ情報	「Yahoo! JAPAN」，「Google」などの検索エンジンサイト	商品・サービス紹介，比較サイト 情報仲介サイト	ブログ検索 SNS 価格比較サイト	ショッピングサイト	ブログ検索 SNS

【解答群】

	①	②	③	④	⑤
ア	検索	比較	興味	行動	検討
イ	興味	検索	比較	検討	行動
ウ	検討	行動	検索	興味	比較
エ	興味	検索	検討	比較	行動
オ	検討	行動	比較	検索	興味
カ	検索	検討	興味	行動	比較

d．企業のプロモーション活動では，各メディアを広告媒体としてとらえ，目的に応じて適切な
メディアが選択される．表2中にある各メディアとその特徴についての説明として，適切な
ものをすべて選んだ組み合わせはどれか．

表2

	メディア	特徴
①	SP広告	広告配信するWebサイトの選択肢に幅があることから，特定のユーザ層をセグメントしたアプローチが行いやすい．ユーザが主体的に閲覧することが前提となるメディアのため，広告露出により短期間に多数のユーザから商品・サービス認知を得るための媒体としては向いていないが，詳細な商品情報を提供することができる．
②	インターネット広告	動画像と音声が使えるため，高い表現力をもった広告を使用した商品訴求が行える．幅広い層の多数のユーザをターゲットにでき，話題性をつくりやすい．地域，時間帯などの選択に幅があり，短期間に大量の広告配信を複数回行えるため，商品認知させるメディアとして優れている．
③	新聞広告	購読者がターゲットとなるため全国または地域ごとにセグメントした広報活動が行えるうえ，即時性の高いタイムリーな広告配信ができる．また，宅配率が高いため安定したユーザ数を対象にでき，短期間に多数のユーザに広告を認知してもらうことが可能なメディアである．
④	雑誌広告	このメディア自体が高いテーマ性をもっているため，特定の購買層をターゲットとすることで，クラス・メディア媒体（細分市場媒体）として利用できる．とくにニッチなユーザ層をターゲットとする場合には囲い込みを行いやすい．
⑤	クロスメディア	この広告の種類として，一般にダイレクトメール（DM），屋外のディスプレイやネオン広告，電車のつり広告に代表される交通広告，店頭広告（POP），展示会・博覧会などのイベント広告がある．

【解答群】

ア．①，⑤　　　　　　　イ．②，③　　　　　　　ウ．③，④

エ．①，②，⑤　　　　　オ．②，④，⑤　　　　　カ．①，②，③，④

第4問

　以下は，情報の収集と分類，組織化およびWebサイト構造への展開に関する問題である．　a
〜dの問いに最も適するものを解答群から選び，記号で答えよ．

　a．Webサイト構築における計画時に関する説明として，適切なものはどれか．

【解答群】
　　ア．Webサイト開設者のコミュニケーションプランは，実際にはWebサイト構築以外の施策が
　　　　含まれていることが多い．そのため，Webサイト以外のメディアを考慮したコミュニ
　　　　ケーションプラン全体のなかで，Webサイトがもつ役割を明確にする必要がある．
　　イ．Webサイト構築のためのスケジュールは，一般に「準備期間」，「Webサイトプラン構築
　　　　期間」，「テスト・検証期間」という，大きく3つの段階に分けることができる．
　　ウ．マイルストーンを適切に設定することによって，Webサイト開設者の要求してくるコン
　　　　テンツの内容やプログラム作成の規模，コンセプトを正しく設定できるようになる．
　　エ．Webサイト開設者に対するヒアリングが適切に実施されれば，最終的に全体スケジュー
　　　　ルと期限を守ったWebサイトを構築できる．

練習問題1

練習問題2

練習問題3

　b．以下は，情報の分類で用いられている手法の例である．これら①〜⑤の情報の分類の例に，
　　　あてはまらない分類はどれか．

　　　[情報の分類の例]
　　　①都道府県でユーザを分類したもの．
　　　②ニュースを発表日順に分類したもの．
　　　③ミュージシャンを名前順で分類したもの．
　　　④紙の辞書や電話帳の掲載内容の分類方法．
　　　⑤映画の感想ブログを公開日順で分類したもの．

【解答群】
　　ア．連続量による分類　　　　　　　　イ．50音順による分類
　　ウ．位置による分類　　　　　　　　　エ．時間による分類

ｃ．自動車に関するWebサイト構築を行う際，情報の組織化の説明として，適切なものはどれか．

【解答群】
　　ア．ユーザに対して，自動車の購入に必要な情報を提供するための情報の流れをつくる方策は，情報を中心とした組織化に基づくものである．
　　イ．自動車のスペックによる情報表示は，顧客主観のラベリングによる情報の組織化に基づくものである．
　　ウ．自動車の使い方(遊び方)による情報表示は，ナビゲーションによる情報の組織化に基づくものである．
　　エ．自動車名による情報表示は，トピックを用いたラベリングによる情報の組織化に基づくものである．

ｄ．Webサイトにおける情報の構造化についての説明として，適切なものはどれか．

【解答群】
　　ア．リニア構造型は，Webサイト内に具体的なページ遷移構造をもたず，組織化されて格納された情報から，ユーザが検索のためのキーワードを入力することで，必要な情報をページに表示させるものである．
　　イ．最近のWebサイトでは，サービスの多様性に対応しなければならないため，パラレルタイプのツリー構造化が避けられない状況にある．
　　ウ．ハイパーテキスト型は，その構造が複雑になってしまうため，最終的な情報へ着地させることを管理できず，ユーザ導線の作成には不向きな構造である．
　　エ．データベース型は，ユーザが階層化された分類に従った移動しかできないため，ユーザの行動範囲を狭くしてしまうデメリットがあるが，ユーザに伝えたい情報が明確な場合には有効な構造である．

練習問題1　練習問題2　練習問題3

第5問

　以下は，インタフェースとナビゲーションに関する問題である．　a～dの問いに最も適するものを解答群から選び，記号で答えよ．

a．Webサイトをパーソナルコンピュータで表示する際，以下の説明に最も適するページレイアウトはどれか．

［説明］

　この画面構成は，ナビゲーションを組み合わせることによって深い階層構造に対応することが可能である．コンテンツが膨大で複雑な分類でも情報を整理しやすいため，大規模なECサイトに適している．たとえば，Webサイト全体に共通するナビゲーションにある「商品情報」のメニュー配下に「ソファ」，「テーブル」，「チェア」などサブカテゴリのナビゲーションを配置することで階層的に移動することができる．

【解答群】

練習問題 1

練習問題 2

練習問題 3

ア．
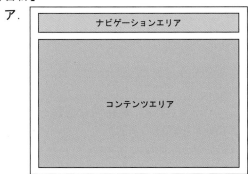

イ．
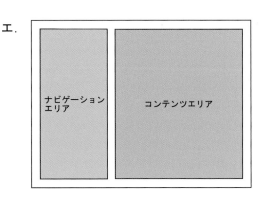

ウ．
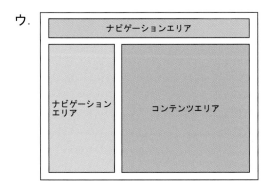

エ．

18

b．図1，図2は，あるスマートフォンのナビゲーションの手法を表しており，図1のメニューボタンをタップすると図2のような表示に遷移する．この手法の特徴を説明したものとして，適切なものはどれか．

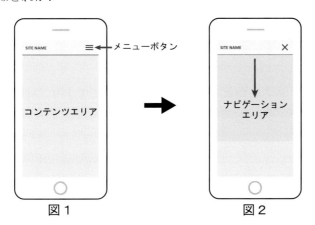

図1　　　　図2

【解答群】
ア．ドロップダウン(ドリルダウン)とよばれる手法で，ナビゲーションの項目数に応じてナビゲーションエリアを調整でき，Webサイトの情報構造に柔軟に対応できる．
イ．スライド(ドロワー)とよばれる手法で，同格の選択肢をユーザに提示したい場合に適しているが，ナビゲーションの項目数によっては間延びしてしまう．
ウ．タブとよばれる手法で，同格の選択肢をユーザに提示したい場合に適しており，目的の画面に移動しやすい．
エ．スプリングボード(ダッシュボード)とよばれる手法で，同格の選択肢をユーザに提示したい場合に適しており，デザイン性の高いナビゲーションをつくりやすい．

c．図3はWebサイトの階層構造の概念図である．Webサイト構造に影響されることなく，トップページから黄色で示したコンテンツページへ即座にアクセスするために用いられるナビゲーション機能はどれか．

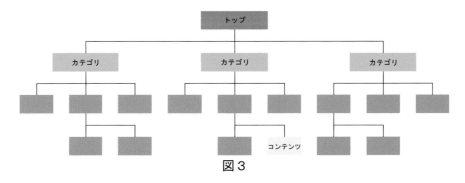

図3

【解答群】
ア．グローバルナビゲーション　　　イ．サイトマップ
ウ．ローカルナビゲーション　　　　エ．直接ナビゲーション
オ．パンくずリスト　　　　　　　　カ．Webサイト内検索機能

d．以下の説明によって実現される，JavaScriptを用いたナビゲーション機能に対応する名称の組み合わせとして，適切なものはどれか．

［説明］

①ナビゲーションエリアに必要なときだけメニューが表示されるため，階層をもったナビゲーションを実現できる．クリックで開く場合は，メニューであることを認知してもらうデザイン的な工夫が必要となる．

②少ない面積でより多くの情報を提供することが可能であり，Ajaxを活用してサーバと通信し，ユーザの行動履歴を分析して表示内容を動的に切り替えていくことができる．

【解答群】

	①	②
ア	ドロップダウンメニュー	メニューフォーカス
イ	ドロップダウンメニュー	カルーセル
ウ	ポップアップメニュー	ドロップダウン
エ	ポップアップメニュー	ウィンドウオープン
オ	セレクトメニュー	チェックボックス

練習問題1

練習問題2

練習問題3

第6問

　以下は，動きの効果に関する問題である．　a～dの問いに最も適するものを解答群から選び，記号で答えよ．

a．図1はファイルをダウンロードしたり，ソフトウェアをインストールしたりする際によく目にするアニメーションである．このようなアニメーションを使用する目的として，適切なものはどれか．

図1

【解答群】
　　ア．つぎのコンテンツを表示するのか，またはデータのインストールを完了させるのかを，ユーザに判断させる猶予時間を与えるため．
　　イ．非同期通信で読み込んでいるデータの転送速度を上げるため．
　　ウ．コンテンツが表示されるまでの待ち時間に，どれくらい待てばよいのかという，ユーザの心理的負担を軽減させるため．
　　エ．クライアントのパーソナルコンピュータからサーバへのリクエスト処理が完了するまでの正確な時間をユーザに確認させるため．

b．商品の一覧情報を表示するWebサイトにおいて，「プリンタ」と書かれたボタンにロールオーバの手法を用いて，**図2**の状態が**図3**の状態に切り替わるよう演出を施した．このような視覚表現についての説明として，適切なものはどれか．

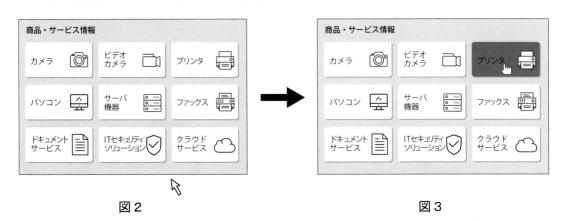

図2   図3

【解答群】

ア．マウスポインタがボタンに重なると同時に画像を置き換え，操作が可能であることを強調し，ユーザの目的の遂行を補助する．

イ．クリックした瞬間にボタンの明度を下げ，ユーザにその商品が売り切れになったことなどを伝えるよう補助する．

ウ．クリックしたと同時にボタンを一瞬拡大させることで，ユーザがクリックしたことを明確に伝えるよう補助する．

エ．Webページが開くと同時に，ボタン内に同じ動きを繰り返すアニメーションを再生させることで，おすすめ品であることなどを強調するよう補助する．

c．動きの要素をうまく導入すれば，Webサイトの利便性と華やかさが向上するが，注意しなければならないことも多い．Webサイトに動きを導入する際の説明として，適切なものはどれか．

【解答群】

ア．動きの要素を取り入れることで，老若男女問わず誰にでもわかりやすく使いやすい，利便性を高める効果をもつため，積極的に取り入れるように心がける．

イ．動きの要素が一般的なWebサイトやOSの操作性から逸脱したものになってしまうと，ユーザに新たな学習を強いることになるため，学習を必要としない操作性を心がける．

ウ．Webサイトの閲覧環境はユーザにとってさまざまであるが，動きを導入する際はOSやWebブラウザの種類，バージョンの違いに対する互換性に関しては完全に対応しているため，動きの要素を安心して導入できる．

エ．人間の目は動いているものに強く反応するため，個々の要素に目を引きつけさせることができるよう，Webページのあちこちにボタンやバナーを点滅させるなど，動きの要素を多く取り入れるように心がける．

d. 図4は，画像編集ソフトウェアの使い方を説明する動画像である．より多くの人に動画像の説明を理解してもらうための工夫として，適切なものはどれか．

写りこんだ不要なゴミなどに対し、レタッチを施していきます

図4

【解答群】
ア．音量調節機能はユーザのコンピュータに備わっているため，コンテンツへの音量調節機能の追加は省略し，限定された操作パネルになるよう工夫した．
イ．動画像の操作パネルはキーボード操作を不可とし，マウスやタッチのみで操作できるように工夫した．
ウ．音声による解説機能はユーザのコンピュータに音声読み上げソフトウェアが備わっているため，コンテンツへの音声による解説機能の追加は省略し，限定された操作パネルになるよう工夫した．
エ．字幕による説明と音声による解説機能を加えることで，動画像の内容をテキストだけでなく，音声でも理解できるよう工夫することにより，より多くの人が理解できるようにした．

練習問題1

練習問題2

練習問題3

第7問

　以下は，Webサイトを実現する技術に関する問題である．a～dの問いに最も適するものを解答群から選び，記号で答えよ．

a．Webサイト制作の基本的な技術として利用されるHTMLについての説明として，適切でないものはどれか．

【解答群】
　　ア．HTMLではテキストデータによる文字情報のほか，GIF, JPEG, PNGなどのビットマップ画像やSVGなどのベクタ画像の表示を記述することができる．
　　イ．HTMLはWeb標準の観点から，仕様に厳密に即した記述を行うことで，どのWebブラウザでも同じ表示状態を得ることができる．
　　ウ．HTML5以降のバージョンでは，動画像や音声データも扱うことができ，再生や停止，巻き戻しなどのインタフェースをHTMLの記述のみで作成することができる．
　　エ．HTMLの最も基本的な機能であるハイパーリンクでは，同一Webサイト内のほかのHTMLファイルや同一HTMLファイル内のほかの箇所へのリンク，さらにはほかのWebサイト内のHTMLファイルへのリンクなどを実現できる．
　　オ．HTMLにはハイパーリンク以外にも，ユーザインタフェースを作成する機能として，フォームという要素も実装されている．

b．フロントエンドの処理とバックエンドの処理についての説明として，適切なものはどれか．

【解答群】
　　ア．フロントエンド側においても，高度なプログラミング処理が必要とされる場合が多くなっているため，レイアウトやデザインをするWebデザイナーは高度なプログラミングスキルも必須となる．
　　イ．システムのセキュリティにおいて重要なのは，ユーザがフォームなどへの入力操作をする機会の多いフロントエンド側である．
　　ウ．バックエンド側では，インタラクティブ性を実現するのは困難であるため，インタラクティブ処理はフロントエンド側で実施するのが一般的である．
　　エ．スマートフォンのアプリケーションが一般的になってきたため，バックエンド側の処理の重要性が下がってきている．

c．動的コンテンツと静的コンテンツについての説明として，適切でないものはどれか．

【解答群】
　　ア．動的コンテンツとは，アニメーションや動画像を用いたWebサイトのことである．
　　イ．動的コンテンツでは，データベースを利用したものが一般的である．
　　ウ．静的コンテンツとは，HTML，CSS，画像を用いた，更新をしない限り同じ情報を表示するようなWebサイトのことである．
　　エ．動的コンテンツとは，アクセスされる条件によって表示される情報が変化するコンテンツのことである．

d．Webサイトへの攻撃に関する説明として，適切でないものはどれか．

【解答群】
　　ア．クロスサイト・スクリプティングは，HTMLフォームに混入させた不正なコードをWebブラウザ上で実行させる攻撃である．
　　イ．DDoS攻撃はDoS攻撃の一種で，マルウェア（コンピュータウイルス）に感染した不特定多数のパーソナルコンピュータから，特定のWebサーバへ集中的にアクセスを行わせることにより，サーバマシンの負荷を上げ，サーバをダウンさせる攻撃である．
　　ウ．セキュリティホールとは，OSやWebサーバソフトウェアのセキュリティを強化することにより，Webサイトへの攻撃を回避するものである．
　　エ．SQLインジェクションは，Webサイトに設けられたHTMLフォームから不正なSQL文を送り込むことで，サーバにさまざまな不正動作を行わせる攻撃である．

第8問

　以下は，Webサイトを実現する技術に関する問題である．　a～dの問いに最も適するものを解答群から選び，記号で答えよ．

a．視覚能力にハンディキャップをもつユーザや高齢者にも，同等の情報に接する機会を確保したWebサイトをデザインしたい．このような意識を基に考慮されたデザインのWebサイトの説明として，適切なものはどれか．

【解答群】
　　ア．個人情報の漏えいを防ぐために，データを送受信する際，SSL/TLSなどのプロトコルを用いて暗号化する．
　　イ．大きなサイズの文字に表示を切り替えたり，コントラストの高い配色に切り替える機能をもたせる．
　　ウ．英語など他言語での表示にも切り替えられる機能をもたせる．
　　エ．メニューやボタンがクリック可能であることがアフォードされたデザインを施す．

b．Webサイト開発では，一般に習得が容易といわれているスクリプト言語が利用される場合が多い．スクリプト言語に当てはまらないものはどれか．

【解答群】
　　ア．Python　　　　　　イ．PHP　　　　　　ウ．Ruby　　　　　　エ．C++

c．Webブラウザ間で同様の表示や機能を実現させるため，Web標準という考え方がある．Web標準のメリットとして，適切なものはどれか．

【解答群】
　　ア．サーチエンジンとの親和性のよさ．
　　イ．制作において経験的なノウハウが不要となる．
　　ウ．古いバージョンのWebブラウザについて特別なサポートが不要になる．
　　エ．サーバと非同期通信により画面制御を行うため，画面遷移を減らすことができる．

練習問題 1

練習問題 2

練習問題 3

ｄ．CSSの特徴に関する説明として，適切なものはどれか．

【解答群】
　ア．Cascading Style Sheetsの略で，Webサイトで使用する動的な振る舞いを記述する.
　イ．CSSファイルとして独立させ．Webサイト内のページで共有させることで，Webサイト内での統一したスタイルの定義や管理を可能にすることができる.
　ウ．セレクタを利用してHTML内の該当箇所の文書構造を設定することができる.
　エ．Webサイト内にハイパーリンク機能を実装することができ，指定した箇所をクリックすることによって，目的のページに画面遷移をすることが可能である.

第9問

　以下は，Webサイトの現状の問題点を把握するための，Webサイト評価と施策に関する問題である． a〜dの問いに最も適するものを解答群から選び，記号で答えよ．

a．このWebサイト内のある商品紹介ページの離脱率が15％，直帰率が85％であった．これらの値に対する解釈として，適切なものはどれか．

【解答群】
　ア．このWebサイト内のトップページの新着情報からアクセスしてきた場合に，何らかの問題がある可能性が考えられる．
　イ．このWebサイト内の別の商品紹介ページのオススメ情報からアクセスしてきた場合に，何らかの問題がある可能性が考えられる．
　ウ．検索エンジンからアクセスしてきた場合に，何らかの問題がある可能性が考えられる．
　エ．このWebサイト内の別ページのWebサイト内検索を利用してアクセスしてきた場合に，何らかの問題がある可能性が考えられる．
　オ．このWebサイト内のサイトマップからアクセスしてきた場合に，何らかの問題がある可能性が考えられる．

b．Web解析の指標の1つであるアクセス数についての説明として，適切なものはどれか．

【解答群】
　ア．ユーザがWebサイトを訪れてから離脱するまでを1回としてカウントするセッション数は，Webサイトを利用している延べ人数を計る解析数値として利用されている．
　イ．ユーザがアクセスしたページ数をカウントするビジット数は，アクセスされたHTMLファイルのみでなく，aspファイルやphpファイルなどもカウントするため，現在主流の解析数値になっている．
　ウ．ビジット数ともよばれるユニークユーザ数は，ユーザがWebサイトを訪れてから離脱するまでを1回としてカウントするため，Webサイトを利用している延べ人数を計る指標になっている．
　エ．ユーザがアクセスしたページ数をカウントするページビューは，アクセスされたHTMLファイルのみをカウントし，aspファイルやphpファイルなどはカウントしないため，Web解析の指標としては不適切である．

c．現在運用しているWebサイトの利用状況を解析し，問題点を把握することが重要である．解析手段の1つとしてトラッキングコードとよばれるコードを埋め込む手法があるが，この説明として，適切なものをすべて選んだ組み合わせはどれか．

［説明］
①Webブラウザの「戻る」ボタンをクリックするなど，Webブラウザの機能で実行されたページ遷移は解析できない．
②トラッキングコードには，JavaScriptが用いられることが多い．
③トラッキングコードを用いて解析された情報はすべてテキストファイルとなっており，テキストエディタで解析されることが一般的である．
④トラッキングコードを埋め込む前にWebサイトがすでに運用されていたとしても，Webサイト開設時からのアクセス解析を可能としている．
⑤Webサイト内のページごとに閲覧状況を解析できるだけでなく，申し込みボタンなどのクリックに応じたさまざまな解析情報を得ることができる．

【解答群】
ア．①，②　　　　　　　イ．①，④　　　　　　　ウ．②，④
エ．②，⑤　　　　　　　オ．③，④

d．Webサイトを運用する際に留意しておくべきこととして，適切なものをすべて選んだ組み合わせはどれか．

［Webサイトを運用する際に留意しておくべきこと］
①Webサイト運用に高い専門知識が要求されるため，Webサーバ運用の専門知識を有する担当者を配置し，その担当者以外はサイト運用に関与しないようにする必要がある．
②Webサイト運用を安全かつ効率的に行うために，CMSを必ず導入する．
③Webサイト運用を安全かつ効率的に行うためのワークフローを構築し，ドキュメント化しておく．
④企業サイトの場合，部署ごとに情報を更新するタイミングが異なるため，定常的な更新スケジュールを立ててはいけない．
⑤Webサイト公開後には，コンテンツの修正や追加などを行うことでWebサイト内のリンク切れが発生することもあり，随時メンテナンス作業が必要である．

【解答群】
ア．①，③　　　　　　　イ．②，③　　　　　　　ウ．②，④
エ．②，⑤　　　　　　　オ．③，⑤

第10問

　以下は，Webサイトのテスト作業および解析に関する問題である．　a〜dの問いに最も適するものを解答群から選び，記号で答えよ．

a．運用しているWebサイトにSEOを導入することで実現可能となることについての説明として，適切なものをすべて選んだ組み合わせはどれか．

　［説明］
　①適切な施策を施すことで，検索エンジンの検索結果として上位に表示される可能性が期待できる．
　②Webサイトへのアクセスをトップページに限定することが可能となり，集客効果の改善が期待できる．
　③FacebookやTwitterなどのソーシャルネットワークでの口コミ効果が期待できる．
　④検索エンジンからWebサイトへのアクセスの増加が見込まれ，集客効果の改善が期待できる．
　⑤検索結果画面に広告として上位表示されるようになり，大幅な集客向上を期待できる．

【解答群】
　ア．①，③　　　　　　　　　イ．①，④　　　　　　　　ウ．②，④
　エ．③，⑤　　　　　　　　　オ．④，⑤

b．Webサイトを構築する際，CMSを導入することで得られる効果として，適切なものをすべて選んだ組み合わせはどれか．

　［説明］
　①CMSを導入することで，HTMLやCSSなどの知識を有しない人でも，コンテンツの編集や追加ができるようになる．
　②CMSを導入しないと，Webサイト内のコンテンツを編集したり，追加することができない．
　③CMSによっては，CMSを利用するアカウントの権限を設定できるものがあり，これにより新規作成もしくは編集されたコンテンツをすぐに公開するのではなく，決裁者の承認をもって公開するなど，安全なWebサイト運用を実現できる．
　④どのCMSを導入したとしても，Webページ上でのコンテンツ配置がフォーマット化されたテンプレートを利用するため，統一的なデザインを実現できる．
　⑤CMSによっては，作成したWebページの公開日や公開期限などを設定できるため，長期休暇の間でも自動的にWebサイトを更新することができる．
　⑥どのCMSを導入したとしても，OSやWebブラウザの違いを意識することなく，誰もが問題なく閲覧できるWebサイトを構築することができる．

【解答群】
　ア．①，②，④　　　　　　　イ．①，③，⑤　　　　　　ウ．①，③，⑥
　エ．②，③，⑤　　　　　　　オ．②，③，⑥　　　　　　カ．②，④，⑤

練習問題1　練習問題2　練習問題3

c．ECサイトのリニューアル作業を実施したあと，公開前にさまざまなテストを行った．Web
サイトのユーザテストについての説明として，適切なものはどれか．

【解答群】
　ア．テストによる適切なフィードバックを得るために，被験者はユーザビリティの専門家で構
　　　成されている必要がある．
　イ．ある商品を検索して購入するまでの一連の具体的な操作手順を制作者が設定し，被験者
　　　にその操作手順に沿って作業を行ってもらった．
　ウ．ユーザテストでは想定外の操作が行われないように，制作関係者のみによる動作テスト
　　　を行った．
　エ．ユーザテストでは想定外の操作による不具合がないか，社員の家族や知人なども含めた
　　　幅広い属性の被験者を集めてテストを行った．

d．ECサイトのリニューアルにあたって，これまでのユーザからの指摘を把握し，その対応策の
　　検討を行った．ユーザからの指摘と対応策の組み合わせとして，適切なものはどれか．

【解答群】

	ユーザからの指摘	対応策
ア	システムが使いにくいというユーザの声が多い．	HTMLファイルのマークアップ方法を工夫することを検討する．
イ	操作方法について，ユーザからの問い合わせが多い．	すべての操作方法について，使い方を詳しく解説するコンテンツを追加する．
ウ	ユーザから，商品が探しにくいという指摘がある．	現状のWebサイトでユーザビリティテストを行い，ユーザインタフェースの問題点を把握し，対応する．
エ	多くのユーザから，目的の商品が見つかりにくいという問い合わせがある．	ユーザビリティを改善するため，検索条件の幅を狭めて商品カテゴリに一本化する．

Webデザイナー検定

エキスパート

練習問題2

第1問

　以下は，著作権に関する問題である．（1）～（4）の問いに最も適するものを解答群から選び，記号で答えよ．

（1）著作権の発生に関する説明として，正しいものはどれか．

【解答群】
　　ア．著作財産権の1つである展示権は，既存の著作物を展示したときに発生する．
　　イ．著作財産権の1つである複製権は，既存の著作物を複製したときに発生する．
　　ウ．著作者人格権は，著作物を公表した時点で発生する．
　　エ．著作隣接権は，実演，音の最初の固定(録音)，放送，有線放送が行われた時点で発生する．

（2）著作権の保護期間は著作物の種類により異なる．以下の著作物の保護期間に関する説明として，正しいものはどれか．

【解答群】
　　ア．公表されている実名の著作物は，その著作物の公表から70年である．
　　イ．公表されている無名の著作物は，その著作物の創作から50年である．
　　ウ．創作して3年後に公表された映画の著作物は，公表から70年である．
　　エ．創作して3年後に公表された団体名義の著作物は，創作から50年である．

（3）他人の著作物を無許諾で利用すれば，著作権侵害に該当する可能性がある．著作権侵害に関する説明として，適切でないものはどれか．

【解答群】
　　ア．自分の車を街で写真撮影したときに車の背景にポスター(著作物)が小さく写り込んでしまったが，その写真をWebページで公開しても著作権侵害にならない．
　　イ．他人が描いたCG作品(著作物)を利用して画像を作成したとき，その他人のCG作品の特徴が残っている場合は，著作権侵害になるおそれがある．
　　ウ．他人の俳句(著作物)の存在や内容をまったく知らない場合であっても，その俳句と同一の俳句を創作すれば，著作権侵害になる．
　　エ．保護期間を過ぎた他人の音楽(著作物)を自分で演奏し，それを撮影した動画像を自分のWebページで公開した場合は，著作権侵害にならない．

（4）レポートや記事を書く際，自分の意見などを補完するために，関連する他人の文章を無許諾で自分の文章に取り入れて利用することができる．ただし，目的上正当な範囲内で利用する必要がある．著作権法上，このような利用方法を何とよぶか．

【解答群】
　　ア．引用　　　　　イ．借用　　　　　ウ．転載　　　　　エ．複製

第2問

　以下は，コンセプトメイキングに関する問題である．a〜dの問いに最も適するものを解答群から選び，記号で答えよ．

a．Webサイトの制作におけるコンセプトメイキングについての説明として，適切なものはどれか．

【解答群】
　　ア．Webサイト制作においては，Webサイト開設者ではなく，ユーザの利益を最大限にするためにコンセプトメイキングを行う．
　　イ．多くの企業がWebサイトを運営している現在では，Webサイトをリニューアルする際に，いかにして開発当初のコンセプトを踏襲するかが重要になってきている．
　　ウ．制作会社によるWebサイト制作においては，プロジェクトの内容の一貫性やプロジェクト間の整合性を保つためにも，コンセプトが重要な役割を果たす．
　　エ．コンセプトメイキングは，Webサイトの方向性の決定が目的であり，実現性や最低限の達成目標などの具体的な内容は制作段階で決定する．

b．コンセプトメイキングにおける分析手法の説明として，適切なものはどれか．

【解答群】
　　ア．環境分析によって，社会動向やマーケット動向などから見た提供サービスの分析，インターネットを取り巻く技術動向の分析を行う．
　　イ．現行サイト・競合サイト分析では，ターゲットとなるユーザの社会的属性に配慮したうえで，ユーザ視点から見たWebサイトの利用価値を分析する必要がある．
　　ウ．トレンド分析では，現行サイトの分析のほか，提供情報の効果測定を競合サイトと比較しながら課題や問題点を抽出する．
　　エ．シナリオ分析では，ターゲットとなるユーザがサイト内で目的を達成するまでに，どのような情報を得て，どのようなタスクを実行し，どのようなサービスを利用しているかを分析する．

練習問題1　練習問題2　練習問題3

c．Webサイトの種類とコンセプトメイキングのポイントについての説明として，適切なものを
すべて選んだ組み合わせはどれか．

［説明］
①コーポレートサイトでは，経営ビジョン，事業展開，ブランドイメージを事前に正しく理
解したうえで，メニューの構成やメインビジュアル，キャッチコピーなどの方向性をプラ
ンニングする必要がある．
②官公庁・地方自治体のWebサイトの運用においては，将来的に追加が想定される行政
サービスなどについてもヒアリングし，コンセプトメイキングに盛り込む必要がある．
③情報仲介系サイトとよばれるWebサイトは，企業向け（B to B：Business to Business）商品
の仲介をおもなサービスとしているため，商品の分類と製品番号の明記，製品仕様など
比較検討がしやすい配慮が必要となる．
④金融系サイトでは，コンセプトメイキングにあたり，金融商品や基礎的な金融用語の習得
など円滑なコミュニケーションのための事前準備が必要となる．

【解答群】
ア．①，③，④　　　　　　イ．②，③，④　　　　　　ウ．①，③
エ．①，②，④　　　　　　オ．②，④　　　　　　　　カ．③，④

練習問題1　練習問題2　練習問題3

d. コンセプトが設定されたあとは，プロジェクトを構成する制作チームごとに実現目標が設定される．コンセプトを具体化しWebサイトを構築するまでの流れの説明として，図1のA〜Dに該当する適切な用語の組み合わせはどれか．

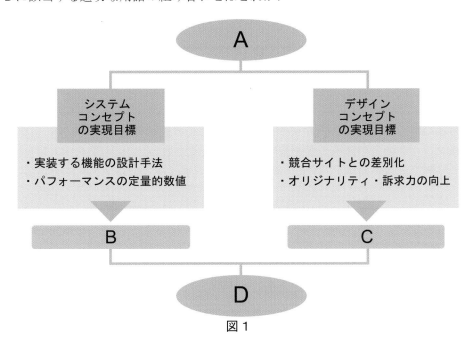

図1

【解答群】

	A	B	C	D
ア	コンセプト	インタフェースデザイン	インフラ構築・システム開発	Webサイト構築
イ	コンセプト	Webサイト構築	インタフェースデザイン	インフラ構築・システム開発
ウ	Webサイト構築	インタフェースデザイン	インフラ構築・システム開発	コンセプト
エ	Webサイト構築	インフラ構築・システム開発	コンセプト	インタフェースデザイン
オ	コンセプト	インフラ構築・システム開発	インタフェースデザイン	Webサイト構築

第3問

　以下は，さまざまな閲覧機器への対応手法とメディアに関する問題である． a～d の問いに最も適するものを解答群から選び，記号で答えよ．

a．レスポンシブウェブデザインの特徴と**図1**〈1〉〜〈3〉の組み合わせとして，適切なものはどれか．

　　［特徴］
　　①各機器の特性に合わせてUIやデザインなどをつくり込める．
　　②Webブラウザの表示領域の幅を基準に表示が変更される．
　　③サーバ側で機器の種類を判別し，適したHTMLファイルとCSSファイルを送信する．

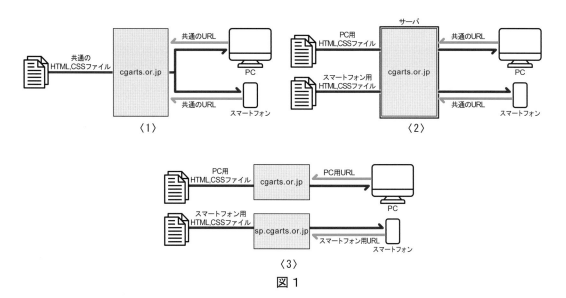

図1

【解答群】

	特徴	図1
ア	①	〈2〉
イ	①	〈3〉
ウ	②	〈1〉
エ	②	〈3〉
オ	③	〈1〉
カ	③	〈2〉

ｂ．専用サイトのデメリットとして，異なる機器向けのURLにアクセスしてしまい，見づらい表示になる可能性がある．この問題の対策として，アクセスしてきた機器の種類に対応するURLが用意されている場合，そのURLに転送する処理のことを何とよぶか．

【解答群】
ア．SEO
イ．ダイナミック
ウ．リダイレクト
エ．CMS

ｃ．AISCEAS理論における「比較」のプロセスの説明として，適切なものはどれか．

【解答群】
ア．ニュースサイトを閲覧して商品情報や口コミ情報を取得するプロセスである．
イ．ブログやSNSを利用して実際の購買者から情報収集したり，価格比較サイトを利用して他類似商品と検討したりしながら商品利用イメージを具体化するプロセスである．
ウ．提供者サイトや比較サイトを利用して，多角的に商品情報を取得するプロセスである．
エ．商品紹介サイトを閲覧し，商品の具体的な利用イメージを思い描きながら，具体的な購買検討を行うプロセスである．

ｄ．広告メディアの特徴の説明として，適切なものはどれか．

【解答群】
ア．新聞広告と比べてよりタイムリーな広告活動が可能なのは，再読率が高い雑誌広告である．
イ．ダイレクトメールからインターネット広告へ誘導する広告活動もある．
ウ．新聞広告，テレビ広告，雑誌広告，ラジオ広告のなかで，ニッチなユーザ層を囲みやすいものは，広告認知期間が最も短い雑誌広告である．
エ．ラジオ広告は地域や時間帯の選択に幅があるため，ユーザ層を設定した広告は難しい．

第4問

　以下は，情報の収集，分類，組織化およびWebサイト構造に関する問題である．　a～dの問いに最も適するものを解答群から選び，記号で答えよ．

a．Webサイトのコンテンツ情報を整理するにあたっては，情報の分類という考え方が重要となる．情報分類の手法についての説明として，適切でないものはどれか．

【解答群】

ア．情報の分類とは，特定の基準を利用して，情報の検索，比較などができるように整理する作業である．特定の基準とは，一般に「位置」，「50音順」，「時間」，「カテゴリ」，「連続量」，「ファセット」などの6つがある．

イ．ミステリー小説などで登場人物の紹介などに使われる人物相関図は，主人公を中心として相関関係をなすものであり，位置による分類である．

ウ．公開日時などが記されたお知らせ情報や年表的に掲載する企業沿革などの情報は，連続量による情報の分類である．

エ．採用情報などで職種や部門といった基準で分類される情報は，カテゴリによる分類である．カテゴリ分類では，客観的に判断できるカテゴリを設定する必要がある．

b．分類された各情報の集合体に対しては，客観的に判断しやすい名前を与えることで，誰にでもわかる情報伝達が行える．この名前付けをラベリングとよぶ．情報のラベリングについての説明として，適切なものはどれか．

【解答群】

ア．ラベリングの手法としては，情報の主題によって組織化する「トピックによる組織化」とユーザの属性によって情報を組織化する「顧客主観による組織化」がある．ただし，「顧客主観による組織化」は属性の異なるユーザには理解しにくい場合があるため，より客観性の高い「トピックによる組織化」を利用する必要がある．

イ．組織化された情報の集合体に対してラベリングを適用するにあたっては，Webサイト運営者が普段用いている用語を基本とすることが，ユーザの理解を深めるうえでも重要である．

ウ．情報をメタファ化したアイコンなどの画像は，用語よりも直観的理解を促すことができる．ユーザごとの認識を共通化する効果があるため，どんな情報でもアイコン化して積極的に利用することが重要である．

エ．「おすすめ情報」，「新着情報」，「お得情報」，「What's New」といった用語はすでに広く一般に認知されている用語であるが，その用語のみで内容を特定することは困難であり，より具体的な表現もしくは情報の補完が推奨される．

c．Webサイト上で，ユーザがリンクをたどっていく道筋のことをユーザ導線とよぶ．ユーザ導線の設計についての説明として，適切でないものはどれか．

【解答群】
　ア．会員制サイトなど，アカウント登録することによって利便性の高いサービスを提供するWebサイトでは，まずはアカウント登録をスムーズに処理できるような導線設計が必要である．
　イ．会員制サイトなどでは，アカウント登録後のユーザが操作方法に迷うことなく，サービスを利用できるためのユーザ導線設計が必要である．
　ウ．ユーザ導線の設計においては，サイトマップを活用することが重要であるが，サイトマップではユーザに混乱を与えないよう，限られたメニューのみを配置することが必要である．
　エ．ユーザ導線の設計においては，情報・サービス提供側のユーザコントロールの考え方に加えて，ユーザがストレスなくコンテンツを利用できることにある．このためには，Webサイト構築の段階で，十分なユーザテストを行うことが必要である．

練習問題1　練習問題2　練習問題3

d．Webサイト構築に際しては，全体的な制作工程を適切に管理するためのスケジュール作成が重要である．スケジュール作成に関する説明として，適切でないものはどれか．

【解答群】
　ア．スケジュール全体のなかで重要な節目ごとに到達目標を設けることが重要である．この到達目標はマイルストーンとよばれ，マイルストーンごとに目標達成度などを検証することで，適正なスケジュール管理を行うことができる．
　イ．Webサイト構築スケジュールは，大きく「準備期間」，「Webサイトプラン構築期間」，「実制作期間」，「テスト・検証期間」の4つに分けられるが，「Webサイトプラン構築期間」では，コンセプトメイキングをおもな作業とし，具体的な設計作業は行わない．
　ウ．Webサイトの「準備期間」においては，構築するWebサイトの目的やコンセプトを明確化する．また，Webサイト構築とその評価を行うための目標設定なども行う．
　エ．Webサイトのコンセプトメイキングにおいては，まずはクライアントから十分なヒアリングを行うことが重要である．ヒアリングを基にWebサイトの目的を明確化したうえで，基本的なコンセプトを設定する．この際，Webサイトのターゲットを想定しておくことも重要である．

第5問

　以下は，インタフェースとナビゲーションに関する問題である．a～dの問いに最も適するものを解答群から選び，記号で答えよ．

a．シングルカラムレイアウトの特徴についての説明として，適切なものをすべて選んだ組み合わせはどれか．

　　[特徴]
　　①スマートフォンのような表示領域の限られた閲覧機器に適したレイアウト手法．
　　②グリッドを基準として要素を配置するため，規則性がある見やすい画面をつくることができる．
　　③閲覧機器の画面の横幅が必要となるため，スマートフォンでの表示には適しておらず，パーソナルコンピュータ（PC）での表示に利用されている．
　　④SNS，商品訴求のためのランディングページなどとの親和性が高い．
　　⑤閲覧機器の画面いっぱいに画像や動画像を配置するレイアウト手法．

　　【解答群】
　　ア．①，③　　　　　　　　イ．①，④　　　　　　　　ウ．②，⑤
　　エ．①，②，④　　　　　　オ．②，④，⑤　　　　　　カ．①，②，③，④

b．スマートフォン向けの画面構成には，いくつかの手法があり，それぞれにメリットとデメリットがある．以下のデメリットの説明に該当する画面構成の手法はどれか．

　　[デメリットの説明]
　　　アイコンのデザインや配置の自由度が高いナビゲーション手法ではあるが，選択肢の必要度の差が大きい場合には，ユーザに不要な情報を多く与えてしまう．

　　【解答群】

ア．　イ．　ウ．　エ．

練習問題 1
練習問題 2
練習問題 3

c. 図1は典型的なナビゲーションを取り入れたWebページ構成の一部を示し，その利用状態を表現したものである．図1から読み取れる説明として，適切なものはどれか．

図1

【解答群】
　　ア．現在開かれているWebページ「Webデザイン教育の今」は，カテゴリ「特集」の下位階層にある．
　　イ．カテゴリ「イベント」は，カテゴリ「ニュース」の上位階層にある．
　　ウ．「新規会員登録」ボタンのアクセス先となるWebページ「新規会員登録」は，カテゴリ「求人情報」の下位階層にある．
　　エ．リニア構造が成立しているため，カテゴリ「連載」へはグローバルナビゲーションの「連載」ボタンや，バナー「連載」からアクセスできる．

d. スマートフォンの画面構成を考える場合に考慮すべき工夫として，適切でないものはどれか．

【解答群】
　　ア．スマートフォンでもパーソナルコンピュータ（PC）と同等の情報を提供する必要があるため，PCとスマートフォンの画面構成は同じように見える工夫が必要である．
　　イ．スマートフォンの機種によっては大画面のものもあるが，小さな画面サイズの機種にも対応させなくてはならない．コンテンツエリアとナビゲーションエリアを同時に画面へ配置するのが難しいため，両者を切り替えながら利用してもらう工夫が必要である．
　　ウ．スマートフォンの操作は指によるタップによって行われるため，目的の情報にたどりつくまでのアクション数が多くなりすぎないよう工夫が必要となる．
　　エ．スマートフォンの操作は指で画面を直接タッチして行えるように，個々のナビゲーションパーツは大きさを考慮して作成する必要がある．

練習問題1 練習問題2 練習問題3

第6問

　以下は，Webサイトにおける動きの効果に関する問題である．a～dの問いに最も適するものを解答群から選び，記号で答えよ．

a．図1はファイルをダウンロードする場合や，データをサーバに送信した結果の反映を待つなど，時間がかかる処理をする際によく目にするアニメーションである．このアニメーションを使用する目的として，適切なものはどれか．

図1

【解答群】
ア．サーバの稼働速度を表示することで，処理の正確な終了時間をユーザに知らせることができる．
イ．最初に粗い画像を表示し，あとで高解像度の画像を表示するため，ユーザは待ち時間に応じて高品質な結果を得ることができる．
ウ．コンテンツが表示されるまでの待ち時間に，データがロードされた割合を表示したり，アニメーションを表示し動作が進行中であることを示したりすることで，ユーザの心理的負担を軽減させることができる．
エ．ユーザが送信しているデータが，正しく送信されているか調べることができる．

b．Webサイト上で，「Download」と書かれた画像にロールオーバの手法を用いて，図2の状態が図3の状態に切り替わるような演出を施した．この場合の視覚表現についての説明として，適切なものはどれか．

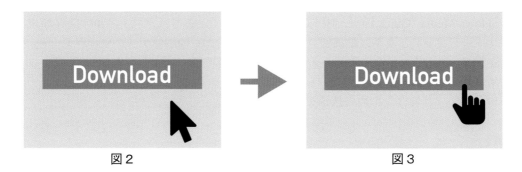

図2　　　　　　　　　　　図3

【解答群】
　ア．マウスを重ねると，画像が置き換わることで操作できることを伝え，ユーザにダウンロードページへの移動操作を誘導している．
　イ．クリックすることにより色が変化し，ユーザにダウンロードページへの移動操作が完了したことを明確に伝えるようにしている．
　ウ．マウスを重ねると色が変化することで，コンテンツを楽しませる演出をしている．
　エ．マウスを重ねた瞬間にダウンロードが始まり，色が変わることでダウンロードが完了したことを伝えるようにしている．

練習問題1

練習問題2

練習問題3

c．以下の①～③は，Webサイトへ動画像を組み込む際の技術的な知識に関する説明である．これらの説明の組み合わせとして，適切なものはどれか．

［説明］
①元には戻らないが，少ない劣化でデータ量を大きく削減する技術．
②データを受信しながら再生を行う技術．
③ディジタル情報の著作権管理を行う技術．

【解答群】

	①	②	③
ア	ストリーミング配信	DRM	非可逆圧縮
イ	可逆圧縮	非可逆圧縮	ストリーミング配信
ウ	非可逆圧縮	ストリーミング配信	DRM
エ	DRM	ストリーミング配信	ループ再生
オ	非可逆圧縮	ループ再生	DRM
カ	ストリーミング配信	DRM	可逆圧縮

d．以下の文章は，動画像コンテンツ技術についての説明である．文章中の□□□□に適するものの組み合わせはどれか．

[説明]

Windows Media，QuickTime，MPEG-4などの技術で定義されたファイルの保存形式をコンテナフォーマットとよぶ．動画像コンテンツの場合は，動画像データや音声データ，字幕やチャプタ，作品名などの補助データをまとめて1つのファイルとして保存している．このコンテナフォーマットのなかに格納されている動画像データや音声データの符号化（ ① ）と復号（ ② ）を行うための技術を ③ とよぶ．

【解答群】

	①	②	③
ア	デコード	コーデック	ストリーミング
イ	エンコード	デコード	コーデック
ウ	デコード	プラグイン	コーデック
エ	エンコード	コーデック	デコード
オ	コーデック	デコード	プラグイン
カ	ストリーミング	エンコード	デコード

第7問

　以下は，Webサイトを実現する技術に関する問題である．　a～dの問いに最も適するものを解答群から選び，記号で答えよ．

a．Webサイトを構成する技術についての説明として，適切なものはどれか．

【解答群】

ア．インターネットとは，世界中に展開している巨大ネットワークの呼称である．複数のコンピュータネットワークが相互接続している．

イ．Webサイトは，WWWとよばれる通信プロトコルを利用している．このプロトコルを解釈するのがWWWクライアントである．

ウ．インターネットは，さまざまな通信プロトコルが用いられている．そのすべてはTCP/IPを基本プロトコルとしている．

エ．WWWクライアントからの要求を受けて情報の提供を行うのがWWWサーバである．WWWサーバを実現する物理的なマシンとしては，一般的なパーソナルコンピュータ（PC）は利用できない．

オ．HTTPというプロトコルはつねに情報が暗号化されるように設計されている．これを利用して安全にWebサイトを利用することができる．

b．Webページの内容を動的に書き換える手法の説明として，適切なものはどれか．

【解答群】
ア．XMLHttpRequestというしくみは，Webブラウザ側・サーバ側のどちらからでも通信を開始できる双方向通信であるため，これを用いて為替や株価情報のリアルタイム表示といったWebアプリケーションの開発が可能である．

イ．WebSocketというプロトコルは，Webブラウザが発したリクエストにWebサーバが応えるというかたちでしか通信を行えない片方向通信であり，これを利用してWebサーバ側の情報の変化に応じて通信を開始しなくてはならないWebアプリケーションの開発を行うことは難しい．

ウ．Linuxでは，Webサーバとの通信を行わず，必要なデータをあらかじめダウンロードしておき，JavaScriptを利用してデータの一部を書き換えることでインタラクティブ性を実現している．

エ．JavaScriptを利用したWebサイトでは，Webブラウザ内に読み込まれたHTMLとCSSの内容をDOMというAPIを用いて逐次書き換えることで，Webブラウザの表示内容を動的に変更する手法を用いている．

練習問題 1

練習問題 2

練習問題 3

c．HTMLとCSSを別のファイルに分けて記述することで達成されることの説明として，適切なものをすべて選んだ組み合わせはどれか．

［説明］
①Webサイトにインタラクティブな操作性を付加することができる．
②Webブラウザ側でタグ推測などの余計な処理をする必要がなく，表示にかかる時間が短くなる．
③Webサイト制作・管理作業に関する工数を大幅に削減できる．
④アクセシビリティの実現が容易となる．
⑤Web標準に未準拠であっても，複数のWebブラウザで同様の表示や機能を実現できる．
⑥出力機器に応じた体裁の変更や，ほかのメディアでの情報の共有や再利用が容易になる．

【解答群】
ア．①，②　　　　　　　イ．②，③，④　　　　　　ウ．③，④，⑥
エ．①，④，⑥　　　　　オ．②，⑤　　　　　　　　カ．②，③，④，⑤

d．Webサーバを構成するソフトウェアについての説明として，適切なものはどれか．

【解答群】
ア．以前は，LAMPとよばれる無料で利用できるソフトウェアを組み合わせた構成が利用されていたが，各ソフトウェアとも大手企業の傘下に入ったため，現在は無料での利用ができなくなっている．

イ．Webサーバソフトウェアは，HTMLのバージョンがアップデートするたびに最新バージョンに変更する必要がある．そのためホスティングサービスでは，HTMLのバージョンごとにサポートが異なる状況が起きている．

ウ．DBMSは，関係データベースとよばれる複数のデータを特定の情報によって関連付けて管理するしくみが一般に用いられ，SQLを用いてその関連性を指定することによりさまざまな情報を組み合わせて引き出すことができる．

エ．スクリプト言語は，Webサーバソフトウェアと連携するCGIプログラムを実現するためにつくられたものであり，各Webサーバソフトウェアごとに専用のスクリプト言語が存在している．

練習問題 1

練習問題 2

練習問題 3

第8問

　以下は，Webサイトを実現する技術に関する問題である．a～dの問いに最も適するものを解答群から選び，記号で答えよ．

a．Webサイトのコンテンツは静的コンテンツと動的コンテンツに分類することができる．静的コンテンツと動的コンテンツについての説明として，適切なものはどれか．

【解答群】
　　ア．動的コンテンツとは，動画像など動きのあるコンテンツのことを指し，より高いユーザ体験を提供することができる．
　　イ．動的コンテンツは，脆弱性の問題が起こりやすいため，ECサイトで利用されることはほとんどない．
　　ウ．多くの動的コンテンツは，データベースと連動するWebアプリケーションによって生成されるのが一般的である．
　　エ．動的コンテンツでは，静的コンテンツの構築の際に必要なHTML，CSS，画像を用いることはない．
　　オ．一貫したユーザ体験を提供するために，Webサイト全体を通して，静的コンテンツまたは動的コンテンツのどちらかに統一すべきである．

b．Webサーバが外部プログラムと連携する手法についての説明として，適切でないものはどれか．

【解答群】
　　ア．Webサーバソフトウェアが外部プログラムと連携する手法として，CGIやFastCGI，モジュール化がある．
　　イ．FastCGIは，Webサーバソフトウェアからの要求に応じて起動した外部プログラムが，その後終了することなく実行し続けることで高速性を実現しているが，Webサーバ上でプログラムが実行し続けるため，Webサーバが高負荷になる．
　　ウ．モジュール化は，プログラムをWebサーバの中に組み込むという考え方で，Webサーバ内部でプログラムが実行されるため，高い応答性を得ることができる．
　　エ．CGIとは，Common Gateway Interfaceの略で，Webサーバソフトウェアが必要に応じて外部プログラムを起動して，その処理結果を受け取るためのしくみである．
　　オ．CGIなどの外部プログラム連携とデータベースを利用したサービスとしては，CMSなどがある．

c．Webサイトに対する攻撃に関する説明として，適切なものはどれか．

【解答群】
　　ア．SQLインジェクションはデータベースを不正に操作する攻撃であるため，Webサイトの改ざんや情報流出の危険はない．
　　イ．SQLインジェクションやクロスサイト・スクリプティングへの対策としては，入力値の制限や入力値のエスケープ処理を行うとよい．
　　ウ．クロスサイト・スクリプティングへの対策としては，SSL/TLSによる通信の暗号化が効果的である．
　　エ．DoS攻撃とは，マルウェア（コンピュータウイルス）に感染したWebサーバが，Webサイトにアクセスしてきた不特定多数のパーソナルコンピュータに対して攻撃を行うことである．

d．Ajaxの説明として，適切でないものはどれか．

【解答群】
　　ア．Ajaxを利用するためにはプラグインを必要とする場合が一般的である．
　　イ．XMLHttpRequestというしくみを利用してWebサーバからデータを取得しつつ，JavaScriptを用いて画面の制御を行う．
　　ウ．XMLHttpRequestを用いた場合，WebブラウザはWebサーバからデータを受信しても画面の再描画を行わないため，JavaScriptによる画面制御を邪魔することがない．
　　エ．XMLHttpRequestは非同期通信を行うため，通常のページリクエストのように，Webサーバからのデータ送信終了を待たなくてもよい．

第9問

　以下は，運用とテスト(検証)に関する問題である．a～dの問いに最も適するものを解答群から選び，記号で答えよ．

a．Webサイト公開前に行う検証作業として，適切なものをすべて選んだ組み合わせはどれか．

　[検証作業項目]
　①すべてのリンクが正しいかどうかを確認する．
　②JavaScriptによるプログラムを組み込んでいる場合は，WebブラウザのJavaScript設定をオンにした状態で正しく動作するかどうかだけを確認する．
　③フォームの動作確認では，適正な値を入力して正しく動作するかを確認すると同時に，不正なデータを入力した場合にエラーメッセージを表示するなど，適切な対応ができているかどうかも確認する．
　④パーソナルコンピュータ(PC)やスマートフォンなども含めて，現在実際に利用されているすべてのOSおよびWebブラウザで正しく表示されるかを確認する．
　⑤Webサイトは，公開後も任意の時点で容易に修正できるため，検証時の掲載情報の確認では，電話番号など重要なものだけを確認する．

【解答群】
　ア．①，③　　　　　　　　　イ．①，④　　　　　　　　ウ．②，⑤
　エ．①，②，④　　　　　　　オ．②，③，⑤

b．Webサイトへの集客手法の1つとして重視されるSEO施策に関する説明として，適切なものをすべて選んだ組み合わせはどれか．

　[説明]
　①検索エンジンで上位表示されるためのキーワードをWebサイト全体にできるだけ数多くちりばめることでSEO効果が高くなる．
　②Webサイトの内容に即した用語をキーワードとして選定し，その用語ができるだけ自然な頻度でWebページ内に登場することがSEOの基本である．
　③Webサイトで上位表示させるためには，リスティング広告(検索連動型広告)を利用することが最も効率的なSEO対策である．
　④検索エンジンのアルゴリズムを解析し，上位表示させるためのプログラムを開発することで恒久的なSEO対策が可能である．
　⑤SEO対策は，Webサイト開発時にも十分に考慮すべきであるが，公開後の運用過程においても適時その施策を見直し，改善していくことが重要である．

【解答群】
　ア．①，③　　　　　　　　　イ．①，④　　　　　　　　ウ．②，⑤
　エ．②，③，⑤　　　　　　　オ．③，④，⑤

c. あるECサイトにおいて，ショッピングカートへの誘導はできているが，商品購入までに結びつかず，フォーム画面での離脱率が高い．離脱する原因にあたると考えられる項目をすべて選んだ組み合わせはどれか．

[説明]
① 入力項目に詳細な注意書きがある．
② 入力項目数を必要最小限にすることで，入力の手間を減らしている．
③ 注文を完了するまでのステップが説明されていない．
④ 各入力項目に入力するたびにチェックを行い，必要に応じてエラーが表示される．
⑤ 入力内容を修正するために確認画面からフォーム画面に戻る際，入力内容がすべてクリアされる．

【解答群】
ア．①, ②　　　　　　　　イ．①, ④　　　　　　　　ウ．②, ⑤
エ．③, ④　　　　　　　　オ．③, ⑤

d. ECサイトなどでは，公開中のWebサイトの使い勝手がユーザにとってよいものかを検証するために，実際にユーザに操作してもらいながら使用感などをヒアリングするユーザテストを行うことがある．ユーザテストに関する説明として，適切なものをすべて選んだ組み合わせはどれか．

[説明]
① テスト実施前に，テストユーザに対してWebサイトの内容や使い方などについて説明しておく．
② テスト実施前に，テストユーザに対してWebサイトについての説明は行わず，自由に操作してもらう．
③ テストユーザは，Webサイトのユーザビリティなどの知見はとくにない，ごく一般的な人を選ぶ．
④ テストユーザは，Webサイト制作に携わるなど，ある程度ユーザビリティに関する知見を有する人を選ぶ．
⑤ テスト中は，テストユーザの集中力を損なわないために，どのような操作をしているのかを極力監視しないようにする．
⑥ テスト中は，テストユーザがどのように操作しているのかを，ビデオ撮影などを利用して極力監視する．

【解答群】
ア．①, ③, ⑤　　　　　　イ．②, ④, ⑥　　　　　　ウ．①, ④, ⑤
エ．②, ③, ⑥　　　　　　オ．①, ②, ⑤

練習問題1
練習問題2
練習問題3

第10問

　以下は，Webサイトの運用とリニューアルに関する問題である．　a～dの問いに最も適するものを解答群から選び，記号で答えよ．

a．Webサイトの運用のために確立するべきこととして，適切なものはどれか．

【解答群】
　　ア．Webサイトに掲載する情報の選定や掲載判断をできる担当が用意できないため，CMSの導入をするべきである．
　　イ．企業内の各部門がもっている情報をWebサイトに迅速に公開するために，個々の担当者の判断で公開できるようにするべきである．
　　ウ．規模の大小に関わらず，Webサイト運用の専任担当者を用意するのは，監査の観点からも企業では必須である．
　　エ．さまざまな種類のキャンペーンサイトを公開するために，Webサイトへの情報公開までの作業手順を標準化するべきである．

b．Webサイトの更新ツールとしてCMSの導入を検討することになった．自社の状況を踏まえた検討事項として，適切なものをすべて選んだ組み合わせはどれか．

　　[CMS導入の理由と検討事項]
　　①定期的な情報公開と停止を行いたいため，公開日と公開期間の両方を指定できる機能を検討する．
　　②Webページを作成する人を限定したいため，CMSの利用ユーザを管理する機能が使えるか検討する．
　　③CMSのカスタマイズができる部門がないため，オープンソースで提供されているシステムの導入を検討する．
　　④社内の基幹システムで管理している情報と連携してWebページを作成したいため，独自のCMSを開発することを検討する．
　　⑤Webサイトの更新情報をRSS配信にしたいため，コンテンツ管理など余計な機能を取り除いたRSS配信専用のCMSを検討する．

【解答群】
　　ア．①，②　　　　　　　　イ．②，③　　　　　　　　ウ．④，⑤
　　エ．①，②，④　　　　　　オ．②，③，⑤　　　　　　カ．③，④，⑤

練習問題 1 練習問題 2 練習問題 3

c. 公開後のWebサイトのメンテナンス作業に関する説明として，適切なものをすべて選んだ組み合わせはどれか．

［メンテナンス作業］
①情報を更新するときは，準備が整い次第すぐに更新する方法と，定期的に更新を行う方法を目的に応じて組み合わせて使用することが望ましい．
②Webページの更新履歴を提供するために，トップページに「What's New」のスペースを設けて，上から履歴が古い順に並ぶよう更新情報を追記し，一覧できるようにする．
③リンク切れは，意図しないところで発生する可能性があるため，Webページの更新を行わないときでも注意が必要である．
④コンテンツのメンテナンスは，Webサイト内の各コンテンツの閲覧数を把握して，傾向的に人気のないものから着手するのが効率がよい．
⑤入力フォームのコンバージョンレートが課題になっている場合に，バックエンドのしくみを変更しなくても，メンテナンス作業で改善を行うことはできる．
⑥販売が終了した製品情報など不要な情報は，Webサイト内のリンクを削除して検索エンジンがたどれなくすればよい．

【解答群】
ア．①，②，④
イ．①，③，⑤
ウ．①，④，⑤，⑥
エ．②，③
オ．②，③，④，⑤
カ．③，⑥

練習問題1

練習問題2

練習問題3

d. Webサイトのリニューアルにあたっての現状把握のしかたに関する説明として，適切なものをすべて選んだ組み合わせはどれか．

［現状把握の施策］
①コンテンツ数に過不足がないか，Webサイトが稼働しているWebサーバのディスク使用量を調べることにした．
②Webサイトが開設された当初から現在までのデータを解析するため，トラッキングコードを埋め込むことにした．
③個々のコンテンツ情報量が十分なのか，競合となるWebサイトの該当するコンテンツと比較をすることにした．
④Webサイトが想定しているユーザ層と実際のWebサイトのユーザが一致しているか，検索サイトからの流入数を調べることにした．
⑤検索サイトからのユーザの誘導を増やすために，ランディングページのわかりやすさや使い勝手を調べることにした．
⑥SEMを本格的に取り入れるために，Webページを象徴するようなキーワードとして何があるかを整理することにした．

【解答群】
ア．①，②，③，④
イ．①，③，⑤
ウ．②，③，④，⑥
エ．②，④，⑤，⑥
オ．③，⑥
カ．④，⑤

Webデザイナー検定

エキスパート

練習問題3

第1問

　以下は，知的財産権に関する問題である．（1）〜（4）の問いに最も適するものを解答群から選び，記号で答えよ．

（1）著作権（著作財産権）の1つである複製権に関する説明として，正しいものはどれか．

【解答群】
　　　ア．公衆を対象とする行為に限り権利がおよぶ．
　　　イ．全部または，場所や時間の制限付きで一部を譲渡することができる．
　　　ウ．著作物の内容を勝手に改変されない権利である．
　　　エ．著作物を公表した時点で自動的に発生する．

（2）著作者に関する説明として，適切でないものはどれか．

【解答群】
　　　ア．2人以上の者が共同して著作物を創作した場合は，複数の者が共同著作者になる．
　　　イ．映画の著作物の著作者には，その映画の脚本家，映画音楽家は含まれない．
　　　ウ．著作者は，著作物を創作すると，自動的に著作隣接権を取得する．
　　　エ．著作者は，創作と同時に著作権者（権利をもつ者）でもある．

（3）A氏のWebサイトには，珍しい花の画像が掲載されており，「画像は使用料無料です」と記載されていた．そこでB氏は，その画像をコピーして，自分のWebサイトに掲載することにした．B氏が行う行為に関する説明として，正しいものはどれか．

【解答群】
　　　ア．画像の掲載に関して，事前にA氏のWebサイトの利用規約を確認する．
　　　イ．「画像は使用料無料です」と書かれているため，著作権フリー画像と思い，B氏のWebサイトに自由に画像だけを掲載した．
　　　ウ．画像をB氏のWebサイトに掲載した日付を，画像の著作物の公表日として記入しなければならない．
　　　エ．画像をトリミングなど加工すれば，元の画像とは異なるものになるため，B氏のWebサイトに加工した画像を掲載してもよい．

（4）以下の文章中の ☐☐☐☐ に適するものはどれか.

　　相当な努力をしても著作権者が不明などで交渉できない場合は，　①　，通常の使用料に相当する補償金を供託することによって，著作物を利用することができる.

【解答群】
　　ア．著作権管理団体から許諾を得て
　　イ．著作権の譲渡を受け
　　ウ．著作物の利用許諾（ライセンス）を得て
　　エ．文化庁長官の裁定を受け

第2問

　以下は，コンセプトメイキングに関する問題である．　a〜dの問いに最も適するものを解答群から選び，記号で答えよ．

a．コンセプトメイキングについての説明として，適切なものをすべて選んだ組み合わせはどれか．

　　［説明］
　　①Webサイト開設者が想定しているユーザや提供したいサービスを考慮すると，ユーザのニーズに合致したWebサイトが構築できないため，コンセプトメイキングの際には，これらを考慮しないのが一般的である．
　　②コンセプトメイキングには，Webサイトの目的や，目的を実現するためのデザイン，Webサイトの全体像を明確化する役割がある．
　　③コンセプトメイキングは，Webサイト構築において最初に行うべき作業である．
　　④新規にWebサイトを制作する際，十分にコンセプトメイキングを行っておけば，Webサイトのリニューアル時に，新たなコンセプトメイキングを行う必要はない．
　　⑤コンセプトメイキングの段階では，理想的なWebサイト像を求めることも重要だが，同時に予算や開設時期もつねに考慮する必要がある．

【解答群】
　　ア．①，④　　　　　　　　イ．③，④　　　　　　　　ウ．③，⑤
　　エ．①，②，④　　　　　　オ．②，③，④　　　　　　カ．②，③，⑤

b．コンセプトメイキングが終了したら，参加する制作者間でコンセプトに対する解釈を統一させておく必要がある．そのためコンセプトメイキング後には，プロジェクトを構成する個々の制作チームごとに実現目標が設定される．実現目標についての説明として，適切なものをすべて選んだ組み合わせはどれか．

　　［説明］
　　①デザインコンセプトの実現目標は，ターゲットユーザに合っているか，競合サイトと差別化できているか，などを重視して設定する．
　　②Webサイトで提供するサービスは，一般にコンテンツと機能とに大別される．そのため，制作チームもこの両者に合わせて編成し，それぞれに実現目標を設定する．
　　③システムコンセプトの実現目標は，すでに構築済みのインフラや，過去に開発したシステムのみを用いて実現可能なもので設定するのが一般的である．
　　④デザインコンセプトをつくる際は，トップページやページ全体のデザインイメージよりも，ボタンやタイトルといった個々のパーツデザインから提示するのが一般的である．
　　⑤システムコンセプトの実現目標は，実現すべきサービスの機能要件や，機能を実装するための具体的な設計手法，サービスのパフォーマンスを示す定量的なスペックなどを設定する．

ア．①, ④   イ．②, ⑤   ウ．③, ④
エ．①, ②, ③   オ．①, ②, ⑤   カ．①, ④, ⑤

c．A社はおもに健康食品，美容化粧品の製造・販売を行っている企業である．A社のWebサイトでは，A社の製品や事業内容，会社そのものの情報を発信している．このWebサイトをA社は「メインサイト」とよんでいる．これに対して，特定の製品や製品ジャンルに絞って，ユーザ向けの情報を発信するWebサイトをいくつか展開することにした．たとえば，製品を利用する年齢層ごとにターゲットを分けたWebサイトや，美容・健康知識を紹介するWebサイトなどである．こうしたWebサイトをA社は「サテライトサイト」とよんでいる．サテライトサイトで紹介する製品情報から，関連情報を掲載したメインサイトへのリンクを設定し，ユーザをメインサイトに誘導することを予定している．このようなサテライトサイトを設けることについての説明として，適切なものをすべて選んだ組み合わせはどれか．

［説明］
①コンテンツの総量が同じ場合，大規模なメインサイトを1つ制作するより，小規模なサテライトサイトを複数制作するほうが，全体の制作費を低く抑えることができる．
②メインサイトは特定のユーザに特化しづらいが，サテライトサイトでは特定のユーザに特化したWebサイトをつくることができる．
③美容や健康など一般性のあるテーマで集客することで，A社やその製品に直接興味をもっていないユーザを，A社サイトに誘導することが期待できる．
④サテライトサイトでは，メインサイトよりもキーワードを絞り込むことで，検索サイトからの集客を有利にし，より多くのユーザをメインサイトに誘導することができる．
⑤A社とは無関係な第三者のWebサイトであるかのように演出することで，他社製品の欠点といったネガティブな情報を中立的な立場で指摘しているように見せることができる．

【解答群】
ア．①, ③   イ．②, ⑤   ウ．④, ⑤
エ．①, ②, ③   オ．①, ④, ⑤   カ．②, ③, ④

練習問題 1

練習問題 2

練習問題 3

d. B社はこれから新規ECサイトの運営を計画している．この際のコンセプトメイキングにあたって一般に考慮すべきこととして，適切なものをすべて選んだ組み合わせはどれか．なお，このECサイトはパーソナルコンピュータ（PC）とスマートフォンの両方に対応するものとする．

[考慮すべきこと]
①ユーザが迷わず商品を購入できるように，直感的な操作が行えるユーザインタフェース設計を行う．
②PCサイトとのイメージの統一を図るため，PCサイトのデザイン，構成，機能をまったく変更せずにそのままスマートフォンサイトに展開させる．
③展開される商品特性にマッチしたデザインコンセプトを設定する．
④できるだけシンプルな構造にするために，ショッピングカート機能，各種決済機能を残し，リコメンド(おすすめ機能)，お気に入り機能は省略するようにする．
⑤指での操作がしやすいようにボタン類を大きくするなど，スマートフォンの特性に合わせたユーザインタフェース設計を行う．

練習問題 1　練習問題 2　練習問題 3

【解答群】
ア．①，③　　　　　　イ．②，⑤　　　　　　ウ．④，⑤
エ．①，②，③　　　　オ．①，③，⑤　　　　カ．②，③，④

第3問

　以下は，さまざまな閲覧機器への対応手法とメディアに関する問題である．　a ～ d の問いに最も適するものを解答群から選び，記号で答えよ．

a．レスポンシブウェブデザインにおけるURL，HTML，CSSの説明として，適切なものはどれか．

【解答群】

	URL	HTML	CSS
ア	すべての機器に対して共通のURLを用いる．	すべての機器に対して共通のHTMLファイルを用いる．	すべての機器に対して基本的な要素は共通のCSSファイルを用いる．
イ	すべての機器に対して共通のURLを用いる．	アクセスしてきた機器の種類をサーバ側で判別し，それぞれの機器に合ったHTMLファイルを配信する．	アクセスしてきた機器の種類をサーバ側で判別し，それぞれの機器に合ったCSSファイルを配信する．
ウ	機器ごとに別々のURLを用意する．	機器ごとに特化したHTMLファイルを別々に用意する．	機器ごとに特化したCSSファイルを別々に用意する．
エ	機器ごとに別々のURLを用意する．	すべての機器に対して共通のHTMLファイルを用いる．	アクセスしてきた機器の種類をサーバ側で判別し，それぞれの機器に合ったCSSファイルを配信する．
オ	アクセスしてきた機器の種類をサーバ側で判別し，それぞれの機器に合ったURLを割り当てる．	機器ごとに特化したHTMLファイルを別々に用意する．	機器ごとに特化したCSSファイルを別々に用意する．

b. レスポンシブウェブデザインに関する説明として，適切なものをすべて選んだ組み合わせ
はどれか．

[説明]
①Webブラウザの画面幅(ビューポート)を基準にしてレイアウトを行うため，パーソナル
　コンピュータ(PC)で閲覧している場合でも，Webブラウザの画面幅をスマートフォンの
　表示領域幅に狭めれば，スマートフォンとほぼ同様のレイアウトを表示できる．
②ユーザインタフェースやデザインを各機器の特性に合わせてつくり込めるため，キャン
　ペーンサイトなどに適している．
③ページ数が多いうえに情報の更新頻度も高く，PCでもスマートフォンでも同様の情報を
　提供したいコーポレートサイトやECサイトなどに適している．
④データを受信したサーバ側で，CGIを用いて要素の配置や大きさの変更，表示・非表示を
　切り替える．

【解答群】
　ア．①，②　　　イ．①，③　　　ウ．①，④　　　エ．②，③　　　オ．②，④　　　カ．③，④

練習問題 1　練習問題 2　練習問題 3

c. 「テレビ」，「新聞」，「雑誌」，「ラジオ」をマスコミ4媒体とよぶ．マスコミ4媒体における広告に関する説明にそれぞれ該当するものとして，適切な組み合わせはどれか．

[説明]
①幅広い層の多数のユーザをターゲットにでき，話題性をつくりやすい．地域，時間帯などの選択に幅があり，短期間に大量の広告配信を複数回行えるため，商品認知させるメディアとして優れている．

②全国または地域ごとにセグメントした広報活動が行えるうえ，即時性の高いタイムリーな広告配信ができる．また，安定したユーザ数を対象にでき，短期間に多数のユーザに広告を認知してもらうことが可能なメディアである．

③このメディア自体が高いテーマ性をもっているため，特定の購買層をターゲットとすることで，クラス・メディア媒体として利用できる．とくにニッチなユーザ層をターゲットとする場合には囲い込みを行いやすい．

④このメディア自体が特定のユーザ層をターゲットとしていることが多いため，ユーザ層を設定した広告配信が行える．また，地域，時間帯などの選択に幅があり，短期間に大量の広告配信を複数回行える．

【解答群】

	①	②	③	④
ア	ラジオ広告	雑誌広告	テレビ広告	新聞広告
イ	新聞広告	テレビ広告	ラジオ広告	雑誌広告
ウ	雑誌広告	新聞広告	テレビ広告	ラジオ広告
エ	テレビ広告	新聞広告	雑誌広告	ラジオ広告
オ	雑誌広告	ラジオ広告	新聞広告	テレビ広告
カ	テレビ広告	新聞広告	ラジオ広告	雑誌広告

d. インターネット広告に関する説明として，適切なものはどれか．

【解答群】
ア．広告配信するWebサイトの選択肢に幅があるため，特定のユーザ層をセグメントしたアプローチに向いていない．

イ．ユーザが主体的に閲覧することが前提となるメディアのため，広告露出により短期間に多数のユーザから商品・サービス認知を得るための媒体としては向いていない．

ウ．キーワード広告(検索連動型広告)よりも，ポータルサイトなどに設置されているバナー広告のほうが，クリック率が高い．

エ．テレビや新聞広告などによってインターネット広告への誘導をはかり，商品の詳細な情報を提供するような組み合わせの広告手法のことを，SP広告とよぶ．

第4問

　以下は，情報の収集，分類，組織化およびWebサイト構造に関する問題である．　a〜dの問い
に最も適するものを解答群から選び，記号で答えよ．

a．Webサイト構築にあたっては，まずは開発工程・進捗を管理するためのスケジュール策定
　　が重要である．スケジュール策定に関する説明として，適切でないものはどれか．

【解答群】
　　ア．Webサイトのプラン構築期間では，開発するWebサイトの目的を明確化することが最も
　　　　重要な要件となる．目的・目標を明確化し，ディレクタが統括するのではなく，スタッフ
　　　　間で共有することが重要である．
　　イ．コンセプトを共有したのち，Webサイト全体のビジュアル化に関してはWebデザイナー
　　　　などの担当スタッフに任せるが，工程管理に関しては各担当スタッフの裁量に任せるの
　　　　ではなく，ディレクタなどが統括して全体の進捗管理を行うのが一般的である．
　　ウ．Webサイト構築に関わる工程は，一般的に「準備期間」，「Webサイトプラン構築期間」，
　　　　「実制作期間」，「テスト・検証期間」という，大きく4つの工程に分けることができる．
　　エ．スケジュール策定においては，Webサイト構築に関わる工程や節目となる段階をマイル
　　　　ストーンとして設定しておくことが重要である．マイルストーンごとに目標達成度など
　　　　を検証することで，適正なスケジュール管理が行える．

b．Webサイトに掲載するコンテンツ情報を整理するにあたっては，情報の分類という考え方
　　が重要である．情報分類についての説明として，適切でないものはどれか．

【解答群】
　　ア．新着情報や企業沿革など，時間軸に沿って整理・公開される情報は，時間による情報の
　　　　分類とよぶことができる．
　　イ．ドラマや小説などの登場人物の相関関係を表した相関図は，概念的な位置情報とよぶこ
　　　　とができる．
　　ウ．一般的な情報の分類は，「位置」，「時間」，「50音順」，「カテゴリ」，「連続量」，「ファセッ
　　　　ト」の6つに大分類することができる．
　　エ．身体測定などで集計された身長順，期末試験などで発表された成績順位は，カテゴリに
　　　　よる分類とよぶことができる．

c．Webサイトを利用するユーザが，必要な情報へ到達する方法を考慮して行う情報の組織化についての説明として，適切なものはどれか．

【解答群】

　ア．ユーザの属性によって情報を組織化する手法では，ユーザを絞り込むことによって，その特性を明確にし，その特性に応じて提供すべき情報を体系付ける．

　イ．顧客主観によって情報を組織化する手法では，「重要」のようにラベルを付けることで，ユーザに情報を確認する行動を促す．

　ウ．コンテンツの内容を基にラベル作成を行う場合，できる限り制作者の意図に沿うようオリジナリティをもったラベリングにする．

　エ．ラベルの表現にアイコンを使用することで，ユーザが十分に慣れ親しんだ事物でなくとも直感的に情報内容を把握できるようになる．

　オ．カードソート手法によって，すべてのコンテンツをいずれかのラベルに必ずあてはめられるようになる．

d．組織化した情報を基にしたWebサイト構造への展開にあたっての作業の説明として，適切でないものはどれか．

【解答群】

　ア．ユーザ導線計画では，ユーザがWebサイトにアクセスする際の基点となるページを想定する．一般にはWebサイトのトップページが主要な基点となるが，各コーナのタイトルページも基点となりうる．また，検索エンジンから直接アクセスされるようなページはランディングページとして特別な基点となることも多い．

　イ．Webサイト構造の設計にあたっては，ツリー構造型，データベース型，ハイパーテキスト型などがあるが，ユーザが混乱を起こさないためにも，いずれかの型に統一すべきである．

　ウ．ユーザ導線を検討するためのサイトマップには，実際にユーザが遷移する可能性のあるWebページをすべて書き出し，ユーザが迷わないように，移動経路を検討しなければならない．

　エ．Webサイト構造を作成するにあたっては，ユーザの情報活用シーンを想定し，ユーザビリティ，ホスピタリティなどを考慮したうえで構造化していくことが重要である．

第5問

　以下は，Webサイトにおけるナビゲーションに関する問題である． a～dの問いに最も適する
ものを解答群から選び，記号で答えよ．

a．Webページにおけるナビゲーションコンテンツは，重要度の違いによってレイアウトがい
　　くつかに分類されている．おもにPCサイトにおいて，ナビゲーション要素よりもコンテン
　　ツが重視される場合に用いられるレイアウトはどれか．

【解答群】

ア．

イ．

ウ．

エ．
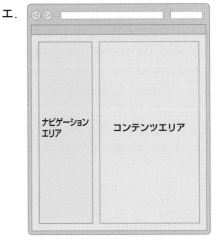

b．図1，図2は，あるナビゲーション手法を表しており，図1のナビゲーションボタンをタップすると図2のような表示に遷移する．この手法の特徴を説明したものとして，適切なものはどれか．

図1

図2

【解答群】
ア．スプリングボードとよばれる手法で，同格の選択肢をユーザに提示したい場合に適しており，一目でどのような選択肢があるか把握しやすい．
イ．スライドとよばれる手法で，画面の縦いっぱいにナビゲーションを表示できるため，多くの選択肢を表示できる．
ウ．タブとよばれる手法で，階層化された情報ではなく，同格の選択肢をユーザに提示したい場合に適しており，目的の画面に移動しやすい．
エ．アコーディオンとよばれる手法で，階層をもったナビゲーション構造を狭い画面のなかで実現することができる．

練習問題1

練習問題2

練習問題3

c. 図3はWebサイトの階層構造の例である．このWebサイト外から，ページB3に直接アクセスしてきた場合，ユーザが現在の位置情報，および上位階層の構造を把握するのに必要なナビゲーション機能はどれか．

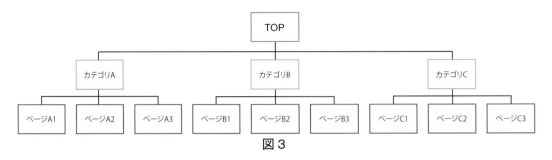

図3

【解答群】
　　ア．グローバルナビゲーション　　　　イ．ローカルナビゲーション
　　ウ．直接ナビゲーション　　　　　　　エ．サイトマップ
　　オ．パンくずリスト　　　　　　　　　カ．Webサイト内検索機能

d. 図4はログイン画面でユーザIDの入力時に，エラー処理が実行された場面を示している．図4から読みとれる工夫として，適切なものはどれか．

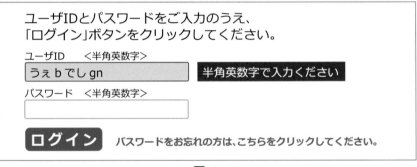

図4

【解答群】
　　ア．JavaScriptを用いることで，Webサーバに入力データを送信する前に入力ミスのチェックが行えている．
　　イ．JavaScriptを用いることで，Webサーバの負荷は大きくなるがユーザの入力負担の軽減を図っている．
　　ウ．HTMLのみのフォームを用いることで，ユーザが入力した情報を，Webサーバへ情報を送信したあとに入力チェックが行われるため，ユーザの入力負担の軽減が図られている．
　　エ．HTMLのみのフォームを用いることで，ユーザにもWebサーバにも負荷は少ないため，ユーザは逐次修正しながら入力できる．

第6問

　以下は，Webサイトにおける動きの効果に関する問題である．　a ~ dの問いに最も適するものを解答群から選び，記号で答えよ．

a．動画像コンテンツを扱う際に用いられるコンテナフォーマットについての説明として，適切なものはどれか．

【解答群】
　ア．動画像データや音声データ，字幕やチャプタなどをひとまとめにした保存形式であり，MP4形式，MOV形式，ASF形式などがある．

　イ．動画像データや音声データの符号化と復号を行うための技術であり，H.264, H.265, Windows Media Playerなどがある．

　ウ．動画像データや音声データを圧縮する技術のことであり，個々の静止画像を圧縮するフレーム圧縮と，連続する静止画像を圧縮するフレーム間圧縮がある．フレーム圧縮には，可逆圧縮と非可逆圧縮がある．

　エ．動画像データや音声データなどを暗号化しコピーガードする技術である．代表的なものに，Google Widevine, Microsoft PlayReady, Apple FairPlayなどがある．

練習問題 1

練習問題 2

練習問題 3

b. 架空の占いWebサイトにおいて, 占いに必要なデータを入力したあと, 「占う」と書かれた
ボタンにロールオーバの手法を用いて, **図1**の状態が**図2**の状態に切り替わるような演出
を施した. このような視覚表現についての説明として, 適切なものはどれか.

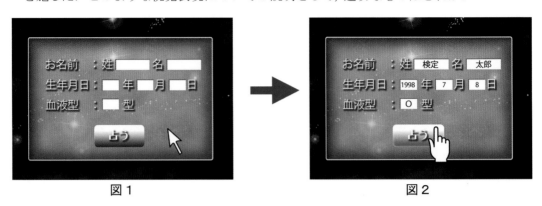

図1　　　　　　　　　　　　　　　図2

【解答群】

ア. クリックした瞬間に画像を変化させることで, 「占う」という操作が的確に行われたこと
が, ユーザに伝わるようになっている.

イ. 一定時間で「占う」ボタンの画像が切り替わることで, 重要なインタフェースの部分であ
ることを強調し, 使いやすくしている.

ウ. マウスが「占う」ボタンに重なると画像が置き換わることにより, 操作が可能であること
を伝え, ユーザの目的の遂行を補助する.

エ. クリックすることで入力チェックが作動するため, 入力に問題がある場合もユーザに正
しいデータの入力を促すインタフェースを作動させることができる.

c．動きの要素を導入すれば，Webサイトの利便性と華やかさが向上するが，注意しなければ
　ならないことがある．Webサイトに動きを導入するにあたっての注意点として，適切なも
　のはどれか

【解答群】
　　ア．Webサイトのナビゲーションに動きを取り入れることは，ユーザの利便性を高めるうえ
　　　　で有効な手段の1つである．ナビゲーションはあくまでもユーザの目的達成を補助する
　　　　ものであるため，学習を必要としない一般的な操作方法になっていることを心がけなく
　　　　てはならない．
　　イ．動きを取り入れるには，Webページのボタンやバナーを点滅させるなどの方法を用いて
　　　　視認性を高め，個々の要素に目を引きつけることに心がけるべきである．
　　ウ．Webサイトの閲覧環境はユーザによってさまざまであり，動きを取り入れる際の障害とな
　　　　りやすい．しかし，JavaScriptは，各OSの互換性やすべての閲覧機器に対応しているた
　　　　め，安心して動きの要素として導入できる．
　　エ．ユーザは通常，何らかの目的を達成するためにWebサイトを訪れるものである．Webコ
　　　　ンテンツ内のアニメーションは，認知の面からも重要な手法であるため，ユーザの判断
　　　　によって中断されないように設計しなければならない．

d．Webサイトでマルチメディアコンテンツを導入する際の注意点として，適切なものはどれか．

【解答群】
　　ア．テレビCM用とWebサイト用の映像撮影や音の収録には，専門の機材や制作技術が個別
　　　　に必要となるので，それぞれの別の撮影・収録スケジュールの調整を行う．
　　イ．音量の調整方法を知らないユーザのために，ユーザがWebサイトにアクセスした際に，
　　　　一定の音量が最初から再生されるように設定する．
　　ウ．出演者や制作者との契約期間を超えてコンテンツが配信され続けないよう，ディジタル
　　　　著作権管理技術を利用して管理する．
　　エ．著作権フリーの動画像や音データでも，使用方法を制限しているものがあるため，Webサ
　　　　イトの目的をよく確認し，用途に合ったデータを利用する必要がある．

練習問題1　練習問題2　練習問題3

第7問

　以下は，Webサイトを実現する技術に関する問題である．a～dの問いに最も適するものを解答群から選び，記号で答えよ．

a．XMLHttpRequestはフロントエンドとバックエンドが連携した動的なページを実現するために重要な技術である．XMLHttpRequestの技術の特徴として，適切なものはどれか．

【解答群】

　　ア．XMLHttpRequestは非同期通信によって行われ，通信回線の速度と関係なく画面操作を行えるため，低速の回線でもユーザのストレスがない．

　　イ．Webページを表示させる場合，そのWebページに遷移する前に用意された条件をWebサーバにあらかじめ渡すため，ユーザの目的に沿ったWebページの内容を動的に生成することができる．

　　ウ．ユーザの操作によって必要になった画像などのコンテンツを，必要になった時点でWebサーバから読み込ませることで，情報の書き換えを高速に行うことができる．

　　エ．画面に表示されずにWebサーバと通信を行うため，クロスサイト・スクリプティングとよぶクライアントサーバ間通信における脆弱性に対して，セキュリティホールになりにくい．

b．Webサイトの体裁を記述する役割を担うCSSの特徴に関する説明として，適切なものはどれか．

【解答群】

　　ア．文書構造を基準にした指定だけではなく，任意の文字に対して指定することも可能である．

　　イ．要素をドラッグ&ドロップできるように指定することが可能である．

　　ウ．Cascading Style Sheetsの略で，Webサイト側，Webブラウザ側，ユーザ側のどれか一箇所で定義することができる．

　　エ．HTMLのheadタグ内にCSSを記述し，文書構造と体裁を分離させることができる．

c．Webサイトを実現する技術は，おもにサーバ側に実装されるバックエンド技術と，クライアント側に実装されるフロントエンド技術がある．以下に示す技術のなかで，フロントエンド技術に分類されるものをすべて選んだ組み合わせはどれか．

［技術］
① DBMS　　② CGI　　③ HTML　　④ CSS　　⑤ WebGL　　⑥ Apache

【解答群】
ア．②，④　　　　　　イ．③，④　　　　　　ウ．③，④，⑤
エ．①，②，⑥　　　　オ．②，⑤，⑥　　　　カ．②，③，④

d．Webブラウザ間で同様の表示や機能を実現させるため，Web標準という考え方が提唱されている．Web標準についての説明として，適切なものはどれか．

【解答群】
ア．各種主要なWebブラウザは最新バージョンどうしでないと，Web標準への準拠度や細かな機能面において差異が生じてしまう．Webサイト制作者はWebブラウザがWeb標準にどの程度対応しているか状況を把握する必要がある．
イ．ロボット型サーチエンジンのクローラは，Web標準に則して記述されているWebサイトだけを選別して情報を収集するため，Web標準に準拠してWebサイトを制作することで，Webサイトの情報をサーチエンジンに反映させることができる．
ウ．Web標準で推奨されている，文書構造と体裁の分離を行うことにより，メンテナンス性が高まるだけでなく，ユーザビリティの実現も容易になる．
エ．Web標準とは，W3Cを中心に，ISO，IETF，ECMA，WHATWGなどの各種標準化団体が策定している仕様に準拠した機能を利用してWebサイトを制作することである．

第8問

　以下は，Webサイトを実現するための言語や制作手法に関する問題である．　a ～ d の問いに最も適するものを解答群から選び，記号で答えよ．

a．多くのECサイトでは，データハンドリングによるさまざまな機能が実装されている．ECサイトに実装されているデータハンドリング機能の説明ではないものはどれか．

【解答群】
　　ア．個々のユーザごとにIDとパスワードを発行し，購入履歴やアカウントの管理機能を提供した．
　　イ．ユーザのプロファイルを分析し，ユーザに適したコンテンツを自動で動的に生成し提供した．
　　ウ．ECサイトのサーバがクレジットカード会社のデータベースへカード情報を照会したのち，決済手続きを行った．
　　エ．ユーザが行ったアクションに対して，内容を確認するためのメールを自動的にユーザに送信した．

b．ECサイトにおいて，商品を見つけるためにキーワード検索を行った．この際，図1のようにWebブラウザとWebサーバ間では以下のように処理が行われるが，このなかのWebサーバ上での処理の順番として，適切なものはどれか．

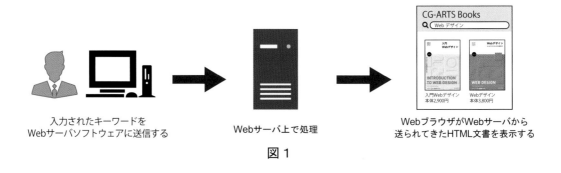

　入力されたキーワードを　　　　　　Webサーバ上で処理　　　　　Webブラウザがwebサーバから
Webサーバソフトウェアに送信する　　　　　　　　　　　　　　送られてきたHTML文書を表示する

図 1

　[Webサーバ上での処理の説明]
　①Webサーバソフトウェアがプログラムで生成したHTML文書をWebブラウザに送信する．
　②DBMSが管理しているコンテンツデータベースからキーワードと一致するデータを抽出しプログラムに返す．
　③Webサーバソフトウェアが受け取ったキーワードをプログラムに渡す．
　④プログラムがDBMSから返されたコンテンツデータを基にHTML文書を生成する．
　⑤プログラムがキーワードと一致するデータを抽出するようDBMSにSQL文を送る．

【解答群】
　　ア．③→④→①→②→⑤　　　　　　　イ．②→⑤→①→④→③
　　ウ．①→④→⑤→②→③　　　　　　　エ．③→①→④→⑤→②
　　オ．③→⑤→②→④→①　　　　　　　カ．④→③→①→②→⑤

練習問題1
練習問題2
練習問題3

ｃ．Webサイトを制作するために用いられる技術のうち，Webサーバ上でのバックエンド処理をともなわないものはどれか．

【解答群】
　ア．会員登録済みのユーザに対し，購入履歴を利用しておすすめ商品を表示した．
　イ．Webブラウザ上で商品名を入力し，データベースに商品を登録した．
　ウ．HTMLとCSSの内容の一部をJavaScriptを利用して書き換えることで，インタラクティブなインタフェースを実現した．
　エ．XMLHttpRequestを利用して，ページ遷移をすることなく，ユーザの操作に応じて足りないコンテンツを補って表示した．

ｄ．Webサイトのセキュリティに関する説明として，適切なものはどれか．

【解答群】
　ア．大量のアクセスを集中させるDoS攻撃に対しては，文字のエスケープ処理が有効だが，不特定多数のパーソナルコンピュータから大量のアクセスを発生させるDDoS攻撃に関しては，対応することが困難である．
　イ．HTMLフォームから入力した情報がWebサイトのコンテンツとして反映されるWebサイトにおいて，不正なスクリプトを送信し，閲覧者がそのWebサイトを表示した際に不正なスクリプトが実行されるようにすることを，SQLインジェクションとよぶ．
　ウ．OSやWebサーバソフトウェア，DBMSなどでセキュリティホールが発見された場合，セキュリティホールを塞ぐためのパッチを用いて，配布元が自動的にセキュリティホールを改善する．
　エ．悪意ある第三者からの攻撃は，OSやWebサーバソフトウェア，DBMSなどの脆弱性をつくものや，Webサイト制作者が開発したプログラムの脆弱性をつくものが大半である．

練習問題1　練習問題2　練習問題3

第9問

　以下は，Webサイトのテスト作業および解析に関する問題である． a～dの問いに最も適する
ものを解答群から選び，記号で答えよ．

a．Webサイト公開前に行う検証作業の説明として，適切なものをすべて選んだ組み合わせは
　　どれか．

　　［説明］
　　①すべてのリンクが正しいリンク先にアクセスできるかどうかを確認する．
　　②ターゲットデバイスとしてパーソナルコンピュータ（PC）やスマートフォンなども含めて，
　　　現在実際に利用されているすべてのデバイス，OS，およびWebブラウザで正しく表示さ
　　　れるか確認する．
　　③JavaScriptによって実装したプログラムがある場合は，WebブラウザのJavaScript設定をオ
　　　ンにした状態で正しく動作するかどうかだけを確認する．
　　④入力フォームのテストにおいては，適正な値を入力して正しい結果が得られるかどうかだ
　　　けを確認する．
　　⑤ECサイトなどバックエンドシステムを利用したWebサイトの検証の場合，テスト期間は
　　　長めに確保する必要がある．

【解答群】
　　ア．①，②　　　イ．①，⑤　　　ウ．②，④　　　エ．②，⑤　　　オ．③，④　　　カ．③，⑤

b．公開中のWebサイトの使い勝手を検証するために，実際にユーザに操作してもらいながら
　　使用感などをヒアリングすることがある．ユーザテストに関する説明として，適切なものを
　　すべて選んだ組み合わせはどれか．

　　［説明］
　　①Webサイト制作に携わるなど，ある程度ユーザビリティに関する知見を有する人をテスト
　　　ユーザとして選ぶ．
　　②Webサイトのユーザビリティなどの知見はとくにない，ごく一般的な人をテストユーザと
　　　して選ぶ．
　　③テスト実施前にテストユーザに対してWebサイトの内容，使い方などについて説明して
　　　おく．
　　④テスト実施前にテストユーザに対してWebサイトについての説明は行わず，与えたタスク
　　　に対し，自由に操作してもらう．
　　⑤テスト中は，テストユーザの集中力を損なわないために，どのような操作をしているのか
　　　を極力監視しないようにする．

【解答群】
　　ア．①，③　　　　　　　　イ．①，④　　　　　　　　ウ．②，③
　　エ．②，④　　　　　　　　オ．①，③，⑤　　　　　　カ．②，④，⑤

練習問題1

練習問題2

練習問題3

78

c．一般的なWebサイトの評価は，アクセス数によって測定できる．図1〈1〉〜〈4〉はアクセス数の代表的な測定方式を示したものである．図1〈2〉の方法で，参照されたWebページの閲覧数をカウントした数のことを何とよぶか．

〈1〉
参照されたWebページのすべてのファイルをカウントする

〈2〉
参照されたWebページの閲覧数をカウントする

〈3〉
一定期間内にWebサイトを訪れた延べ人数をカウントする

〈4〉
一定期間内にWebサイトを訪れたユニークユーザ数をカウントする

図1

【解答群】
ア．セッション数（ビジット数）　　　イ．クリック数
ウ．ページビュー　　　　　　　　　エ．ヒット数

d．Webサイトの解析についての説明として，適切なものはどれか．

【解答群】
ア．Webサイトの解析はWebサイト公開前のテスト期間に行うものがほとんどであり，公開後に実施できることは少ない．
イ．広告によって収入を得ているWebサイトにとって重要な指標となるのが，直帰率である．
ウ．ユーザがWebサイト内でどのような経路でコンテンツを閲覧しているかを分析するのがリファラ分析である．
エ．ユーザがどういったWebサイトを経由して，自分のWebサイトを訪問したのかを調べるのが経路分析である．
オ．Webサイト内におけるすべてのアクセスのうち，そのWebサイトの最終目標と設定しているページへのアクセスなどのアクションが発生した割合をコンバージョンレートとよぶ．

第10問

　以下は，Webサイトの運用とリニューアルに関する問題である．　a ～ d の問いに最も適するものを解答群から選び，記号で答えよ．

a．CMSを導入することで得られる効果の説明として，適切なものをすべて選んだ組み合わせはどれか．

　　［効果の説明］
　　①CMSによっては，CMSを利用するアカウントの権限を設定できるものがあり，これによって新規作成もしくは編集されたコンテンツをすぐに公開するのではなく，決裁者の確認をもって公開するなど，安全なWebサイト運用を実現できる．
　　②CMSを導入しないと，Webサイト内のコンテンツを編集したり，追加することができない．
　　③CMSによっては，作成したWebページの公開日や公開期限などを設定できるため，長期休暇の間でも自動的にWebページを公開することができる．
　　④どのCMSを導入したとしても，Webページ上でのコンテンツ配置がフォーマット化されたテンプレートを利用するため，統一的なデザインになる．
　　⑤どのCMSを導入したとしても，OSやWebブラウザの違いを意識することなく，誰もが問題なく閲覧できるWebサイトを構築することができる．
　　⑥CMSを導入することで，HTMLやCSSなどの知識を有しない人でも，コンテンツの編集や追加ができるようになる．

【解答群】
　ア．①，②，④　　　　　イ．①，③，⑥　　　　　ウ．②，③，⑤
　エ．②，③，⑥　　　　　オ．②，④，⑤　　　　　カ．②，④，⑥

b．Webサイトを運用する際に留意しておくべきこととして，適切なものをすべて選んだ組み合わせはどれか．

[留意しておくべきこと]
①Webサイト運用を安全かつ効率的に行うためのワークフローを構築し，ドキュメント化しておく．
②企業サイトの場合，部署ごとに情報を更新するタイミングが異なるため，定常的な更新スケジュールを立ててはいけない．
③Webサイト公開後には，コンテンツの修正や追加などを行うことでWebサイト内のリンク切れが発生することもあり，随時メンテナンス作業が必要である．
④Webサイト運用を安全かつ効率的に行うために，CMSを必ず導入する．
⑤Webサイト運用には高い専門知識が要求されるため，システム管理の専門知識を有する専任担当者以外は運用に一切関与しないようにする必要がある．

【解答群】
ア．①，③   イ．②，③   ウ．③，④
エ．①，③，④   オ．②，③，⑤   カ．③，④，⑤

c．運用しているWebサイトにSEOを導入することで実現可能となる事柄や，期待できることについての説明として，適切なものをすべて選んだ組み合わせはどれか．

[説明]
①Webサイトへのアクセス状況が把握できる．
②Webサイトへのアクセスをトップページに限定することが可能となり，集客効果の改善が期待できる．
③検索結果画面に広告として上位表示されるようになり，大幅な集客向上を期待できる．
④適切な施策を施すことで，検索エンジンの検索結果として上位に表示される可能性が期待できる．
⑤検索エンジンからWebサイトへのアクセスの増加が見込まれ，集客効果の改善が期待できる．

【解答群】
ア．①，③   イ．①，④   ウ．②，③
エ．②，④   オ．③，⑤   カ．④，⑤

d. リニューアルの計画にあたっては，現在運用しているWebサイトの利用状況を解析し，問題点を把握することが重要である．解析手段の1つとしてトラッキングコードとよばれるコードを埋め込む手法があるが，この説明として，適切なものをすべて選んだ組み合わせはどれか．

[説明]
①Webサイトの運用中でも導入できる手法であり，かつ導入する前のWebサイト開設時からのアクセス解析を可能とする．
②アクセスログには記録されないような情報も記録することができ，さまざまなアクセス解析情報を得ることができる．
③プログラムに関する知識は必要なく，運用中のWebサイト内のHTMLデータを改変することなく導入することができる．
④Webサイト内のページごとに閲覧状況を解析できるだけでなく，申し込みボタンなどのクリックに応じた解析情報を得られる．
⑤この手法では，Webブラウザの「戻る」ボタンをクリックするなど，Webブラウザ機能で行われるページ遷移は解析できない．

【解答群】
ア．①，③	イ．②，④	ウ．③，④
エ．①，③，④	オ．②，④，⑤	カ．③，④，⑤

書　名	Webデザイナー検定エキスパート公式問題集　第三版
監　修	Webデザイナー検定問題集編集委員会
第三版一刷	2023年3月16日
発行所	公益財団法人　画像情報教育振興協会(CG-ARTS)
	〒104-0045　東京都中央区築地1-12-22
	Tel　03-3535-3501
	URL　https://www.cgarts.or.jp/
表紙デザイン	宮内 舞(CG-ARTS)
印刷・製本	日興美術株式会社

ミックス
責任ある木質資源を
使用した紙
FSC® C141561

Webデザイナー検定

エキスパート

練習問題　解説・解答

Webデザイナー検定

エキスパート

練習問題　解説・解答

第1問 ◆◆

●出題領域：知的財産権
●問題テーマ：知的財産権
●解説

（1）写真の画像をインターネット上にアップロードするためには，A氏はB氏から公衆送信権の許諾を受ける必要があります．「公衆送信」とは，インターネットやテレビ放送などで，公衆によって直接受信されることを目的として無線通信または有線電気通信の送信を行うことです．**イ**の上映権は，映画など著作物を公に上映する権利，**ウ**の譲渡権は，映画以外の著作物の原作品（例：写真や絵画など）や複製物（例：書籍など）を公衆へ譲渡（販売）する権利，**エ**の展示権は，美術の著作物と未発行の写真の著作物の原作品を公に展示する権利です．したがって，正解答は**ア**となります．

（2）正解答は**エ**です．学術的な性質を有する図面や図表は，図形の著作物として保護されます（著作権法第10条1項6号）．

　　ア：著作権法上，映画の著作物は「映画の効果に類似する視覚的又は視聴覚的効果を生じさせる方法で表現され，かつ，物に固定されている著作物を含むものとする」（著作権法第2条3項）と定義されているため，劇場用映画に限らずRPGなどのゲームソフトも，映画の著作物として保護を受けられます．

　　イ：プログラムの著作物に関する登録は，一般財団法人ソフトウェア情報センターで行うことができます．創作後6ヵ月以内に創作年月日を登録することができます（著作権法第76条の2）．「著作権法」および「プログラムの著作物に係る登録の特例に関する法律」に基づき，文化庁長官から「指定登録機関」の指定を受け，昭和62年から，コンピュータプログラムの著作物の登録事務を実施しています．文化庁は著作権制度を所管していますが，プログラムの著作物に関する登録は行っていません．

　　ウ：データベースは，コンピュータで検索できる情報の集合物で，情報の選択または体系的な構成によって創作性を有するものは，データベースの著作物として保護されます．

（3）正解答は**ウ**です．ある曲の編曲（音楽作品）は，二次的著作物であり，その利用許諾を得るときには，元の曲（原著作物）の作曲者と，編曲者（二次的著作物の著作者）の両方の著作者から利用許諾を得なければなりません．

　　ア：著作物（絵画など）の利用許諾を得ても，自動的に著作財産権を取得することはありません．利用許諾とは単にライセンスを受けることであるため権利を取得することはできません．権利を取得するためには，権利の譲渡契約が必要です．

　　イ：写真撮影の場合，撮影対象から分離できず小さく写り込んでしまったほかの著作物（付随対象著作物）は，その権利者から別途利用許諾を得ることなく利用できます（著作権権利制限規定の付随対象物の利用：著作権法30条の2）．

　　エ：著作物の利用許諾を得るときには，許諾の範囲や契約期間などを限定して利用許諾を得ることができます．小説の場合でも，利用料金のみならず利用方法など詳細に利用許諾を得ることが望ましいといえます．

（4）正解答は**ウ**です．物品（工業製品）に表示される画像デザインは，意匠法によって保護されます．

　　ア：意匠権の存続期間は出願日から25年で終了します（意匠法改正で2020年4月より施行）．

　　イ：意匠権は物品のデザインを保護する権利であり，トレードマークやサービスマークを保護するのは商標権です．

　　エ：意匠権を取得するためには，特許庁に出願し，審査などの一定の手続きを経て登録されてはじめて権利が発生します．著作権のように，創作した時点で自動的に意匠権は発生しません．

［解答：（1）ア　　（2）エ　　（3）ウ　　（4）ウ］

第2問

●出題領域：コンセプトメイキング
●問題テーマ：コンセプトメイキング
●解説

a：コンセプトメイキングは，Webサイト構築の初期段階で行います．そのあとの制作作業の指針となるものであり，実制作に入る前にコンセプトを明確化することが重要です．その際，Webサイト開設者側の利益だけでなく，ユーザ側の利益も最大化することを目標とすべきです．そのため，コンセプトメイキングでは，ナビゲーションやデザインなど，Webサイトで提供するサービスに関わるユーザの利便性なども考慮して検討することが重要です．また，リニューアルに際しては現状のWebサイトの課題なども洗い出し，改めてコンセプトメイキングを行うことも重要です．したがって，正解答はイとなります．

b：コンセプトメイキングの手法としては，各種分析手法が利用されます．これを分析的アプローチとよびますが，Webサイト開設者へのヒアリングとは別の作業工程です．ヒアリングはWebサイト開設者へも十分に行い，Webサイト開設者が漠然ととらえている問題・課題点を具体的に抽出することが重要です．また，Webサイトを取り巻く要素の関係性について，内的要因と外的要因を区別しながら行う分析手法は環境分析とよびます．したがって，正解答はイとなります．

c：コーポレートサイトは，単に情報を伝えるための媒体ではなく，ブランドイメージを訴求するための自社媒体となります．また，ターゲットユーザ層は企業によって異なりますが，消費者に限られるものではありません．したがって，正解答はイとなります．

d：ショッピングサイトなどシステムが連動するWebサイトでは，購買プロセスや登録プロセスをスムーズにすることが重要です．そのためには，直観的操作を意識したデザインとシステム設計が要求されます．ナビゲーション手法に関しては，ほかのWebサイトとの差別化を意識するのではなく，ユーザの利便性，わかりやすさなどを重視すべきです．その際，ほかのWebサイトへのリサーチを行うなど，ユーザにとってわかりやすいナビゲーションを実現することがポイントです．したがって，正解答はエとなります．

［解答：a．イ　　b．イ　　c．イ　　d．エ］

第3問

●出題領域：コンセプトメイキング
●問題テーマ：さまざまな閲覧機器，ほかのメディアとの関係
●解説

a：Webサイトの閲覧に用いられるさまざまな機器への対応方法として，「専用サイト」，「ダイナミックサービング」，「レスポンシブウェブデザイン」の3つの手法があります．専用サイトは，閲覧機器ごとに別々のURLを用意しておき，それぞれの機器に合ったURLにアクセスしてもらう手法です．これには機器ごとに合わせたHTMLファイルやCSSファイル，画像などを用意する必要があります．ダイナミックサービングは，URLを1つだけ用意しておき，アクセスしてきた閲覧機器の種類をサーバ側で判別し，それぞれの機器に合ったHTMLファイルやCSSファイルを配信する手法です．HTMLファイルとCSSファイルはそれぞれの機器に合った完全なものを事前に用意しておくか，対応したCMSを用います．レスポンシブウェブデザインは，すべての閲覧機器に対して共通のURL，HTMLファイル，CSSファイルを使い，データを受信した機器の側でCSSやJavaScriptの機能を用いて，その機器で見やすいように自動的にWebサイトのレイアウトを変える手法です．したがって，正解答はウとなります．

b：①と④は，専用サイトとダイナミックサービングに関するメリットであり，レスポンシブウェブデザインに関するメリットは，②と③となります．したがって，正解答はエとなります．

c：AISCEAS理論では消費行動の心理プロセスを，「注意（Attention）」→「興味（Interest）」→「検索（Search）」→「比較（Comparison）」→「検討（Examination）」→「行動（Action）」→「共有（Share）」のプロセスに区分されています．したがって，正解答はイとなります．

d：表2中の①は「インターネット広告」，②は「テレビ広告」，⑤は「SP広告」に関する特徴の説明であり，メディアの名称と特徴の説明との組み合わせが適切ではありません．一方で，③の「新聞広告」と④の「雑誌広告」では，適切な特徴の説明がされています．したがって，正解答はウとなります．

［解答：a．ウ　　b．エ　　c．イ　　d．ウ］

第4問

●出題領域：情報の構造
●問題テーマ：情報の収集と分類，組織化，Webサイト構造への展開
●解説

a：イのWebサイト構築のためのスケジュールは，一般に「準備期間」，「Webサイトプラン構築期間」，「実制作期間」，「テスト・検証期間」という，大きく4つの段階に分けられます．**ウ**と**エ**は，それぞれヒアリングとマイルストーンの説明が逆になっています．**ウ**は，Webサイト開設者に対するヒアリングを適切に実施することによって，Webサイト開設者の要求してくるコンテンツの内容やプログラム作成の規模，コンセプトを正しく設定できるようになります．**エ**の全体スケジュールと期限を守ったWebサイトを構築するためには，全体スケジュールの重要な節目ごとに到達目標であるマイルストーンを設定することが重要になります．したがって，正解答は**ア**となります．

b：イの50音順による分類には，「③ミュージシャンを名前順で分類したもの」，「④紙の辞書や電話帳などの分類方法」があてはまります．**ウ**の位置による分類には，「①都道府県でユーザを分類したもの」があてはまります．**エ**の時間による分類には，「②ニュースを発表日順に分類したもの」，「⑤映画の感想ブログを公開日順で分類したもの」があてはまります．したがって，**ア**の連続量による分類には，①〜⑤のどれもあてはまらないため，正解答は**ア**となります．

c：アのユーザに対して，自動車を購入するために必要な情報を提供するための情報の流れをつくる施策は，ナビゲーションによる情報の組織化に基づくものであるため，これは不適切な説明です．**イ**の自動車のスペックによる情報表示は，情報を中心とした組織化に基づくものであるため，これは不適切な説明です．**ウ**の自動車の使い方（遊び方）による情報表示は，顧客主観のラベリングによる情報の組織化に基づくものであるため，これは不適切な説明です．したがって，正解答は**エ**となります．

d：アは，データベース型の特徴を説明したものであるため，不適切な説明です．リニア構造型とは，順序を追って単線的に情報を提示する構造のことを示します．**イ**の最近のWebサイトでは，サービスの多様性に対応しなければならないため，ツリー構造型，データベース型，ハイパーテキスト型のハイブリッド化が避けられない状況にあります．したがって，これは不適切な説明です．パラレルタイプのツリー構造型とは，ユーザまたは情報の種類によって情報組織の提示方法を分け，エントランスページ（トップページ）の下に複数のタイトルページを作成したツリー構造型の展開型のことを示します．**エ**は，ツリー構造型の特徴を説明したものであるため，不適切な説明です．したがって，正解答は**ウ**となります．

[解答：a．ア　　b．ア　　c．エ　　d．ウ]

第5問

●出題領域：インタフェースとナビゲーション
●問題テーマ：ユーザインタフェース，ナビゲーション，ナビゲーションデザインの手法
●解説

a：アは上部ナビゲーション型，イは両袖型，ウは逆L字ナビゲーション型，エは左袖ナビゲーション型のレイアウトになります．**ウ**の逆L字ナビゲーション型以外は，深い階層をつくるのが難しく，階層が深く規模の大きいECサイトやコーポレートサイトには向いていません．したがって，正解答は**ウ**となります．

b：図1のメニューボタンをタップすると，図2でナビゲーションエリアが下方に向かって滑り込むように入ってきます．このように表示されるメニューは，ドロップダウン（ドリルダウン）メニューとよびます．このドロップダウンは，ナビゲーション要素が多く，階層が深い場合にも対応できる特徴があります．したがって，正解答は**ア**となります．

c：Webサイト内の階層構造とはまったく関係なく，コンテンツの内容に関連性のある別のコンテンツへと直接アクセスするためのリンクは，直接ナビゲーションです．「トップ」から直接深い階層にあるコンテンツへとアクセスすることができます．したがって，正解答は**エ**となります．

d：①においてドロップダウンメニューとポップアップメニューは技術的なしくみは同じですが，ドロップダウンメニューがナビゲーションエリアに設置されるのに対して，ポップアップメニューはコンテンツエリア内に表示されることが多いです．どちらのメニューもクリックあるいはマウスオーバでサブメニューを表示させると，深い階層のナビゲーションを作成することができます．②はAjaxを活用してサーバと通信を行い，スクロール（カルーセル）することによって表示項目を切り替えるような，動的な表現が可能となります．したがって，正解答は**イ**となります．

[解答：a．ウ　　b．ア　　c．エ　　d．イ]

第6問 ◆◇◆◇◆◇◆◇◆◇◆◇◆◇◆◇◆◇◆◇◆◇◆◇◆◇◆◇◆◇◆◇◆◇◆◇◆◇

●出題領域：動きの効果
●問題テーマ：動きの技法と表現，導入時の注意点，動画像コンテンツ
●解説

a：プログレスバーについて問うています．プログレスバーは，サーバからクライアントのパーソナルコンピュータ
（PC）へ，データが送信される際の進捗状況を知らせることで，待ち時間に起因するユーザの心理的な負担を軽減さ
せるために用いられます．示されるのは，割合であって，絶対的な時間を示しているわけではありません．したがっ
て，正解答は**ウ**となります．

b：ロールオーバについて問うています．ロールオーバは特定の部位にマウスオーバしたとき，その部位の画像をほか
の画像と置き換えることで見た目に変化を加える手法です．**イ**と**ウ**の場合はクリックしたあとであることと，ユーザ
へのメッセージがロールオーバに期待されるものでないため該当しません．また，**エ**はマウスオーバに関係なく，
Webページが開くことがきっかけとなってアニメーションを再生させるという説明のため該当しません．したがっ
て，正解答は**ア**となります．

c：Webサイトに動きを導入するにあたっての注意点について問うています．動きの要素を上手に導入すれば，Webサ
イトの利便性と華やかさが向上しますが，注意しなくてはいけない要素もあります．とくに，動きの要素が一般的な
WebサイトやOSの操作性から逸脱したものになるとユーザにはその意味が伝わりにくくなり，新たな学習を必要と
します．動きを取り入れる際には動きの要素や目的などに応じた検討が必要なため，**ア**と**エ**は該当しません．**ウ**の
Webサイトに動きを取り入れるためにJavaScriptやCSSを利用する際は，OSやWebブラウザの種類，バージョンの
違いに対する互換性が完全ではないので注意が必要であり，該当しません．したがって，正解答は**イ**となります．

d：動画像コンテンツにおいて音を使用する際の注意点とアクセシビリティについて問うています．**イ**については，動
画像の操作パネルはマウスだけでなく，キーボードからも操作できるようにつくることが求められています．**ア**，**ウ**
については，プラグインやPCそのものに機能が備わっている場合でも，PCに不慣れな人のことも配慮し，動画像の
近くに手軽に操作できるボタンを用意することは必要です．したがって，正解答は**エ**となります．

[解答：a．ウ　　b．ア　　c．イ　　d．エ]

第7問 ◆◇◆◇◆◇◆◇◆◇◆◇◆◇◆◇◆◇◆◇◆◇◆◇◆◇◆◇◆◇◆◇◆◇◆◇◆◇

●出題領域：Webサイトを実現する技術
●問題テーマ：Webサイトを実現する技術の基礎，機能，言語
●解説

a：HTMLを記述する際のWeb標準準拠とは，W3Cなどによる仕様にできるだけ即して記述することが推奨されてい
ますが，強制力があるわけではありません．また，Web標準に準拠してHTMLを記述したとしても，すべてのWebブ
ラウザで同じ表示状態が担保されるわけでもありません．したがって，正解答は**イ**となります．

b：**ア**のフロントエンド側において高度なプログラミング処理が行われるときは，フロントエンドのエンジニアが作業
に参加する場合が多いです．**イ**において，システムのセキュリティや安全性を確保するには，フロントエンドでも
バックエンドでも，十分な対策が重要です．Webサーバにおいては，フロントエンドを通さずバックエンドに直接攻
撃を仕掛けることもできるため，バックエンドのセキュリティ対策はより重要です．**エ**において，スマートフォンの
アプリケーションにおいてもバックエンド側の処理は欠かせないものであり重要です．また，インタラクティブ処理
は，フロントエンド側での動作が重要になります．したがって，正解答は**ウ**になります．

c：動的コンテンツと静的コンテンツについての違いを理解できているかを問うています．動的コンテンツとはWebサ
イト内でアニメーションや動画像を用いることではなく，アクセスされた条件などに合わせて，Webページ内のコ
ンテンツを変化させることを指します．動的コンテンツではデータベースを利用して実現されることが多いです．
したがって，正解答は**ア**になります．

d：セキュリティホールとは，情報セキュリティを脅かすようなコンピュータシステム全般の欠陥を指します．したがっ
て，正解答は**ウ**になります．

[解答：a．イ　　b．ウ　　c．ア　　d．ウ]

第8問 ◆◆

●出題領域：Webサイトを実現する技術
●問題テーマ：Webサイトを実現する技術の基礎，機能，言語
●解説

a：アクセシビリティでの配慮事項のうち，視覚的ハンディキャップをもつユーザおよび，高齢者に配慮したデザインに限定して問うています．**ア**はセキュリティの説明，**ウ**はアクセシビリティの言語面での配慮の説明であり，設問で問うている視覚障がいや高齢者への配慮とは別になります．**エ**はアフォーダンスの説明になります．したがって，正解答は**イ**となります．

b：C++はコンパイル型の汎用プログラミング言語の1つです．スクリプト言語ではないため，正解答は**エ**となります．

c：現在の主要なWebブラウザの最新バージョンはWeb標準への準拠度は高いのですが，細かな機能については差があるため，制作において経験的なノウハウが必要になります．したがって，**イ**は適切ではありません．古いバージョンのWebブラウザについてはWeb標準への準拠が遅れており，対象ターゲット層などの都合によって古いバージョンのWebブラウザがターゲットに含まれる場合，個別にWebブラウザ対応する必要があるため，Web標準のメリットが得られません．したがって，**ウ**も適切ではありません．**エ**の非同期通信を用いた画面制御はAjaxとよばれWeb標準とは直接は関係ありません．Web標準で記述されたHTMLはサーチエンジンのクローラが正しく情報を取得することが期待できるため，サーチエンジンとの親和性がよいといえます．したがって，正解答は**ア**となります．

d：CSSはWebページを装飾したり，レイアウトするための機能をもっていますが，動的な振る舞いを指定する機能はないため，**ア**は適切ではありません．CSSはHTMLの表示方法を設定する機能をもちますが，構造を設定する機能はないため，**ウ**は適切ではありません．指定した部位をクリックして画面遷移するのはハイパーリンク機能でCSSの機能とは直接関係がないため，**エ**は適切ではありません．外部共通スタイルシートファイルによるスタイルの定義や管理は，CSSを利用したWebデザインでは重要な応用技術です．したがって，正解答は**イ**となります．

[解答：a．イ　　b．エ　　c．ア　　d．イ]

第9問 ◆◆

●出題領域：Webサイトのテストと運用
●問題テーマ：Webサイトの解析，運用
●解説

a：離脱率とは，そのWebページを訪れたユーザのうち離脱したユーザの割合であり，直帰率とは，閲覧を開始したWebページからどこにも移動せず，そのまま離脱するユーザの割合です．Webページの離脱率が低く，直帰率が高いということは，ほかのWebサイトから直接アクセスしてきたユーザがこのWebページだけで閲覧を終了したものと解釈できます．一方で，Webサイト内の別ページからアクセスしてきたユーザについては，問題は少ないと考えられます．したがって，検索エンジンなど，ほかのWebサイトからユーザがアクセスしてきた場合に，このWebページの内容に何らかの問題がある可能性が考えられるため，**ウ**が正解答となります．

b：**イ**はページビューの説明です．**ウ**はセッション数の説明です．なお，ユニークユーザ数をビジット数とはよびません．**エ**はページビューの説明ですが，aspファイルやphpファイルなどもカウントできるため適切ではありません．したがって，正解答は**ア**となります．

c：トラッキングコードによるアクセス解析は，アクセスログには記録できないような情報も多く取得することができます．トラッキングコードはおもにJavaScriptを用いたものが多く，Webサイトの運用中でも導入することができますが，導入以前の情報を得ることはできません．また，解析データは膨大になるため，一般的には専用のソフトウェアを用いて解析します．したがって，正解答は**エ**となります．

d：Webサイト運用を安全かつ効率的に行うためには，適切なワークフローを構築してドキュメント化しておく必要があります．ただし，CMSは必ずしも必要ではありません．また，運用時には，コンテンツの修正，追加などが必要となるため，コンテンツ更新と同時にメンテナンス作業も必須です．更新作業はできるだけ定型化，定常化し，社内で一貫したワークフローに基づいたものにすることが重要です．Webサイト運用は，Webサーバ運用を行う担当者だけに任せるものではありません．個々のコンテンツを作成する各部署が，それぞれのコンテンツの管理をすることが一般的です．したがって，正解答は**オ**となります．

[解答：a．ウ　　b．ア　　c．エ　　d．オ]

第10問 ❖❖❖

●出題領域：Webサイトのテストと運用
●問題テーマ：Webサイトのテスト，運用
●解説

a：SEOは適切に実施することで，検索エンジンの検索結果画面で上位表示される可能性が高まりますが，ユーザが検索エンジンからアクセスするページをトップページに限定するものではありません．また，Facebookなどのソーシャルネットワークとはとくに関連性はありません．検索エンジンの検索結果画面に広告として表示するリスティング広告はSEMの施策であり，SEOとは別の施策となります．したがって，正解答は**イ**となります．

b：CMSを導入しなくても，HTMLなどの専門知識があればコンテンツの編集，追加は可能です．CMSによっては，テンプレートを利用せず，WYSIWYGエディタなどである程度自由にコンテンツの情報構造を編集することもできます．CMSはWebサイト上のコンテンツを管理するものであり，Webブラウザなどでの表示制御はHTMLやCSSなどの技術に依存します．CMSを導入したからといって，すべての環境での表示を保証するものではありません．多くのCMSには操作を行うスタッフの権限の管理，公開日時や期限の指定が可能になる機能が備わっています．したがって，正解答は**イ**となります．

c：Webサイトのテストにおいて，テストを実施する被験者には制作者が予想していない作業を行ってもらうことが重要です．そのためには，被験者の属性が重要であり，制作に関わっていない人を選ぶことが必要になるため，被験者は知人や社員の家族などに協力してもらうことも有効です．したがって，**エ**が正解答となります．一連の操作手順を設定してしまった場合や，テスト項目を細かく規定して，その項目のみをテストすることは予想していない課題を見つけることができず，有効ではありません

d：ECサイトのようなシステムにおいて，操作性の悪さをユーザから指摘された場合，多くは，ユーザインタフェースに問題があります．状況を把握するためには，ユーザビリティテストによって，現状のユーザインタフェースの問題点を洗い出し，その問題点を解決するための検討を行うことが必要です．少数のユーザの指摘であってもその内容と原因をよく検討することが必要となります．**ア**はフロントエンドの改善検討だけでは不十分で，バックエンドシステムの動作改善の検討も必要になります．**イ**は操作方法を説明するコンテンツを追加するだけでは不十分で，説明を必要とせず直感的に操作できるユーザインタフェースの実現を目指すべきです．**エ**のように検索条件の幅を狭めてしまうことは，ユーザビリティを損なうことにもつながります．したがって，正解答は**ウ**となります．

[解答：a．イ　　b．イ　　c．エ　　d．ウ]

練習問題1

練習問題2

練習問題3

第1問 ❖❖

●出題領域：知的財産権
●問題テーマ：知的財産権
●解説

（1）正解答は**エ**です．著作隣接権は，実演，音の最初の固定（録音），放送，有線放送が行われた時点で自動的に発生します．

　　　ア，イ：著作財産権（複製権や展示権などを含む）は，著作物を創作した時点で発生します．すなわち，既存の著作物を複製したときや展示したときに著作財産権（複製権や展示権などを含む）が発生するのではなく，その著作物を創作した時点で発生します．

　　　ウ：著作者人格権は，著作物を創作した時点で発生します．著作者人格権の1つである公表権も著作物を創作した時点で発生します．すなわち，公表権は，著作物を公表したときではなく，著作物を創作したときにすでに発生しています．

（2）正解答は**ウ**です．映画の著作物の保護期間は，公表から70年であり，創作後70年以内に公表されなければ，創作後70年です．**ウ**では創作して3年後に公表されているため，公表から70年となり，正しい保護期間が記されています．

　　　ア：実名の著作物の保護期間は，その著作物の著作者の生存年間および，著作者の死後70年間です．著作物の公表から70年ではありません．

　　　イ：公表されている無名の著作物の保護期間は，公表後70年であり，その著作物の著作者の死後70年経過が明らかであれば，その時点までです．著作物の創作から50年ではありません．

　　　エ：団体名義の著作物の保護期間も，映画の著作物の保護期間と同様に公表から70年であり，創作後70年以内に公表されなければ，創作後70年です．**エ**では創作して3年後に公表されているため，公表から70年となります．創作から50年は誤りです．

（3）正解答（適切でないもの）は**ウ**です．著作物の偶然の一致は著作権侵害にあたりません．著作権侵害が成立するためには，他人の著作物に依拠していることが必要とされるため，新しく創作した著作物が他人の著作物と同一または，類似であった場合でも，他人の著作物の存在や内容をまったく知らずに独自に創作したのであれば，著作権侵害にあたりません．**ウ**では，他人の俳句（著作物）の存在や内容をまったく知らず，同一の俳句を独自に創作したといえるため，著作権侵害にはなりません．

　　　ア：著作権の権利制限の利用に該当すれば著作権侵害にはなりません．著作権の権利制限の1つに，付随対象著作物の利用（著作権法第30条の2）があり，これは，写真の撮影，録音，録画の場合，付随して軽微に写り込んだ著作物（付随対象著作物）をその著作権者の利益を不当に害しない限り複製できるというものです．自分の車を街で写真撮影したときに車の背景にポスター（著作物）が小さく写り込んでしまう場合はこれに該当し，その写真をWebページで公開しても著作権侵害にはなりません．

　　　イ：他人の著作物を利用して作成した場合でも，その著作物の表現形式の本質的な特徴が感得されない場合は，まったく独立の著作物を作成したことになり，著作権侵害にあたりません．**イ**では，他人が描いたCG作品（著作物）を利用して画像を作成したときにその他人のCG作品の特徴が残っているため，著作権侵害になるおそれがあります．

　　　エ：著作物の利用において，保護期間内の著作物を，著作権の権利制限（著作権法第30条～第47条の7）の利用に該当せず，かつ著作者からの許諾を得ることなく著作者の権利を侵した場合は著作権侵害になります．著作物が保護期間を満了したものであれば著作権侵害にはなりません．保護期間を過ぎた音楽（著作物）を自分で演奏し，それを撮影した動画像を自分のWebページで公開した場合は，これに該当するため著作権侵害にはなりません．

（4）正解答は**ア**です．著作権法は，著作物を無許諾で利用できる「引用」について定めています（著作権法第32条）．公表された著作物で，公正な慣行に合致すること，引用の目的上，正当な範囲内で行われることを条件とし，自分の著作物に他人の著作物を引用して利用することができます．引用の一般的条件は以下の5つです．

①その著作物を引用する必然性があること．
②かぎ括弧を付けるなど，自分の著作物と引用部分とが区別されていること．
③自分の著作物が主であり，引用する著作物が従であること．

練習問題1

練習問題2

練習問題3

④引用される著作者人格権を侵害するようなかたちでないこと.
⑤出所の明示がなされていること.

［解答：（1）エ　　（2）ウ　　（3）ウ　　（4）ア］

第2問

●出題領域：コンセプトメイキング
●問題テーマ：コンセプトメイキング
●解説

a：アのコンセプトメイキングにおいては, ユーザとWebサイト開設者双方の利益を最大化することを目的とします. イのリニューアルをする際には, 新たなコンセプトメイキングが重要になります. エのコンセプトメイキングでは方向性のみではなく, Webサイトとしてのオリジナリティ, 実現性の検証, 最低限の目標達成なども含めて具体的な内容を決定していく必要があります. したがって, 正解答はウとなります.

b：アはトレンド分析, イはユーザの視点からの分析, ウは現行サイト・競合サイト分析の説明になります. したがって, 正解答はエとなります.

c：③情報仲介系サイトは, 企業間での利用を対象としたサービスも多くありますが, 一般消費者向け（B to C：Business to Consumer）の情報仲介系サイトも存在します. したがって, 正解答はエとなります.

d：設定されたコンセプトを具体化しWebサイトを構築していくには制作者間でコンセプトの解釈が異ならないようにすることが重要です. 図1ではその流れを説明しており, Aはコンセプト, DはWebサイト構築になります. システムコンセプトの実現目標には, 開発機能としての機能要件定義や, サービスの設計手法, 実現されるサービスパフォーマンスの定量的数値の算出などがあるため, Bにはインフラ構築・システム開発が入ります. デザインコンセプトの実現目標は, 競合サイトとの差別化とオリジナリティ, ターゲットユーザへの訴求方向上を目標に展開されたイメージを実現することであるため, Cにはインタフェースデザインが入ります. したがって, 正解答はオになります.

［解答：a. ウ　　b. エ　　c. エ　　d. オ］

第3問

●出題領域：コンセプトメイキング
●問題テーマ：さまざまな閲覧機器, ほかのメディアとの関係
●解説

a：レスポンシブウェブデザインの特徴について問うています. レスポンシブウェブデザインは, すべての機器に対して, URLもHTMLファイル, CSSファイルも同じものを用いる手法であり, 表示する機器のWebブラウザの表示領域の幅を基準にしてレイアウトを行います. したがって, 正解答はウとなります.

b：専用サイトのデメリットの対応として, Webサーバ側で異なる機器に対し, PCとスマートデバイスそれぞれのURLへ転送する方法を総じてリダイレクトとよびます. したがって, 正解答はウとなります.

c：AISCEAS理論のプロセスを問うています. AISCEAS理論における「比較」は, ウの「提供者サイトや比較サイトを利用して, 多角的に商品情報を取得するプロセス」が正解答となります. アは, AISCEAS理論における「興味」の説明です. イは, AIDMA理論における「記憶」の説明です. エは, AISCEAS理論における「検討」の説明です.

d：広告メディアの特徴について問うています. 雑誌と比べて新聞は即時性があるため, タイムリーな広告戦略が可能です. また, 雑誌の特徴である再読率の高さは即時性と直接は関係がないため, アは誤りです. 雑誌はニッチなユーザ層を囲みやすいですが, 配達日のみ読まれる一過性の高い新聞広告の方が, 雑誌広告よりも広告認知期間は短いといえます. そのため, ウも誤りです. ラジオ広告はラジオ局や放送番組自体が特定のユーザ層をターゲットとしていることが多く, 地域や時間帯の幅にユーザ層を絞ることに利用できることから, エも誤りです. ダイレクトメールに記載したURLからインターネット広告へ誘導する手段をクロスメディアとよびます. この手段は各メディアのメリットを組み合わせ, デメリットを補う高いプロモーション効果が期待できます. したがって, イが正解答となります.

［解答：a. ウ　　b. ウ　　c. ウ　　d. イ］

第4問 ◆◆

●出題領域：情報の構造
●問題テーマ：情報の収集と分類，組織化，Webサイト構造への展開
●解説

a：情報の分類に関する理解度を問うています．一般に，情報は「位置」，「時間」，「50音順」，「カテゴリ」，「連続量」，「ファセット」の6つに分類されます．位置による分類は，県や市などの物理的な位置情報のほかに，映画や小説で使われる人物相関図のように概念的な位置による分類も含まれます．公開日時が記されたお知らせ情報や企業沿革などは時間による分類となります．職種や部門といった分類は，カテゴリによる分類です．したがって，正解答は**ウ**となります．

b：ラベリングに関する理解度を問うています．ラベリングは，ユーザの視点に立った「顧客主観による組織化」とコンテンツの主題，内容などに応じて行う「トピックによる組織化」に分かれます．どちらかが優勢というわけではなく，たとえば，ユーザにわかりやすく情報伝達するためであれば，「顧客主観による組織化」を用いるなど，適宜使い分けすることが重要です．また，使用する用語は，情報提供者側の専門用語を使うのではなく，より一般的な用語にすることが重要です．アイコンなどの画像をラベリングに利用することはユーザの直観的理解を助けることにはなりますが，そのメタファがグローバルに通じるものではない可能性もあるため，使用にあたっては注意が必要です．用語としては一般に広く理解されているとはいえ，「おすすめ情報」などだけでは，内容を特定することが困難であり，より具体的な表現もしくは情報の補完が推奨されます．したがって，正解答は**エ**となります．

c：ユーザ導線に関する理解度を問うています．Webサイトに初めてアクセスしたユーザに対しては，まずはそのWebサイトについて理解させることが必要です．会員制サイトなどでは，アカウント登録をスムーズに処理できるような導線設計が必要であり，さらにアカウント登録後の導線設計も必要となります．ユーザ導線の設計においては，その設計した導線が十分に利用価値があるものかどうかをユーザテストによって確認することも必要です．また，ユーザ導線設計にはサイトマップを活用することが効率的ですが，基本的にサイトマップにはすべてのコンテンツを記載し，ユーザにとって不要なアクセス導線がないかどうかを確認する必要もあります．したがって，正解答は**ウ**となります．

d：Webサイト制作のスケジュール策定に関する理解度を問うています．スケジュール策定は，プロジェクトの進捗を適正に管理するためのもので，一般に「準備期間」，「Webサイトプラン構築期間」，「実制作期間」，「テスト・検証期間」の4工程に分けられます．「準備期間」では，クライアントからのヒアリングを十分に行い，Webサイトの目的を明確化し，コンセプトに落とし込むことでWebサイト制作に関わる人々が共通認識をもつことが重要です．各工程の完了日だけでなく，重要となる節目にはマイルストーンを設定して工程管理を行うことでスケジュールを適正に管理することができます．「Webサイトプラン構築期間」では，「準備期間」で策定したコンセプトに基づき，より具体的な仕様設計を行う必要があります．したがって，正解答は**イ**となります．

[解答：a．ウ　　b．エ　　c．ウ　　d．イ]

第5問 ◆◆

●出題領域：インタフェースとナビゲーション
●問題テーマ：ユーザインタフェース，ナビゲーション，ナビゲーションデザインの手法
●解説

a：シングルカラムレイアウトとは，ページをコラム分けすることなく，すべての情報を縦1列に配置したレイアウトパターンのことです．画面幅が広くない，スマートフォンなどの閲覧機器に適したレイアウトパターンであり，SNSやランディングページなどストーリー性のあるコンテンツとの相性がよいです．②はグリッド型，③はマルチカラムレイアウト，⑤はフルスクリーン型の特徴の説明になります．したがって，正解答は**イ**となります．

b：スマートフォンやタブレットなどのスマートデバイス用のページレイアウトについて問うています．解答群の図について，**ア**はスライド，**イ**はドロップダウン，**ウ**はタブ，**エ**はスプリングボード（ダッシュボード）とよばれるスマートデバイスでの利用に適したナビゲーション手法です．これらの手法のなかで個々の選択肢の必要度に差がありすぎるとユーザに多くの不要な情報を与えてしまうのは，同格の選択肢をユーザに提示するスプリングボードであるため，**エ**が正解答です．

c：Webページに見られるナビゲーション機能について問うています．図1のWebページ構成にあるパンくずリストから，現在開かれているWebページ「Webデザイン教育の今」は，カテゴリ「特集」の下位階層にあることがわかるため，**ア**が正解答になります．グローバルナビゲーションにおけるメニューフォーカスのはたらきによって，カテゴリ「イベント」はカテゴリ「ニュース」の下位階層にあることがわかるため，**イ**は誤りです．図1のWebページ構成からでは

「新規会員登録」ボタンのアクセス先となるWebページ「新規会員登録」がカテゴリ「求人情報」の下位階層にあるかどうかはわからないため，**ウ**は誤りです．カテゴリ「連載」へはグローバルナビゲーションの「連載」ボタンや，バナー「連載」からアクセスできますが，それはリニア構造が成立しているからではないため，**エ**は誤りです．

d：スマートフォンの画面構成を考える場合に考慮すべき工夫について問うています．スマートフォンにもPCと同等の情報を提供する必要があります．しかし，スマートフォンとPCが同じ画面構成である必要はありません．したがって，**ア**の説明は誤りとなり，正解答となります．また，スマートフォンの画面は大型サイズの機種もありますが，小さな画面サイズのスマートフォンにも対応できる画面構成が求められるため，**イ**は適切な説明となります．スマートフォンの操作は指によるタップによって行われますが，少ないアクションで目的の情報にたどり着くよう工夫が必要となります．また，指で画面を直接タッチして行うため，個々のナビゲーションパーツは大きめに作成する必要があります．したがって，**ウ**，**エ**の説明も適切となります．

［解答：a．イ　　b．エ　　c．ア　　d．ア］

第6問

●出題領域：動きの効果
●問題テーマ：動きの技法と表現，導入時の注意点，動画像コンテンツ
●解説

a：図1のようなアニメーションをプログレスバーとよびます．プログレスバーは，サーバからクライアントのパーソナルコンピュータへ，データが送信される際の進捗状況を知らせることで，待ち時間に起因するユーザの心理的な負担を軽減させるために用いられます．示されるのは，その割合や処理中であることであって，絶対的な時間を示しているわけではないため，**ア**は誤りです．**イ**はプログレッシブJPEGやインタレースGIFなどで使用されますが，プログレスバーではありません．**エ**はデータ整合性の検証処理です．したがって，正解答は**ウ**となります．

b：ロールオーバについて問うています．ロールオーバは，特定の画像にマウスオーバしたときだけ画像が別の画像に置き換わる手法で，該当のページに誘導するときに使用します．**イ**は，クリックすることにより画像の色が変化し，該当ページへの誘導が完了したことを示すときに使用する手法であり，マウスオーバではありません．**ウ**は，ユーザの体験に関する記述です．**エ**は，通常，マウスオーバした瞬間にダウンロードが始まることはありません．また，図3の状況のみでダウンロードが完了したか判断することはできません．したがって，正解答は**ア**となります．

c：ストリーミング配信は，データを一度にダウンロードせずデータを受信しながら再生を行う技術です．ループ再生は，短い音声や動画像のデータを繰り返し再生することで，データ量を削減する方法です．非可逆圧縮は，画質が多少劣化しますが，データ量を大きく削減することができる技術です．可逆圧縮は，圧縮した画像を元どおりに復元することが可能ですが，データ量は非可逆圧縮に比べて大きくなります．DRM（Digital Rights Management）は，ディジタル著作権管理を意味し，ディジタル情報の著作権管理を行う技術に関連するキーワードです．したがって，正解答は**ウ**となります．

d：Windows Mediaでは，ASF形式，QuickTimeではMOV形式，MPEG-4ではMP4形式というコンテナフォーマットが使われます．このコンテナフォーマットに格納されている動画像データや音声データの符号化（エンコード）と復号（デコード）を行うための技術をコーデックとよびます．ストリーミングとは，ユーザがデータを受信しながら再生を行う技術です．プラグインは，アプリケーションソフトウェアに新しい機能を追加することができるソフトウェアのことです．したがって，正解答は**イ**となります．

［解答：a．ウ　　b．ア　　c．ウ　　d．イ］

第7問

●出題領域：Webサイトを実現する技術
●問題テーマ：Webサイトを実現する技術の基礎，機能，言語
●解説

a：**イ**のWWWは通信プロトコルではなくHTTPプロトコルをベースとしたサービスになります．**ウ**のTCP/IPは，インターネットの重要な基本プロトコルの1つですが，ほかのプロトコルも利用します．**エ**のWWWサーバは，一般的なPCも利用することができますが，Webサイトの規模に応じて判断をする必要があります．**オ**においてHTTPSは暗号化通信を行いますが，HTTPはつねに暗号化通信を行いません．したがって，正解答は**ア**となります．

b：**ア**は，XMLHttpRequestの説明ではなくWebSocketの説明です．**イ**は，WebSocketの説明ではなく，XMLHttpRequest

の説明です．**ウ**のLinuxとは，オープンソースソフトウェアとして提供されているUNIX系列のOSのことであり，解答群の説明とは直接関係はありません．**エ**は，JavaScriptを利用したWebサイトに関する適切な説明です．したがって，正解答は**エ**となります．

c：①HTMLとCSSを別ファイルに分けることとは関係がありません．②HTMLとCSSを別のファイルに分けるだけでは達成されないため，適切とはいえません．③一般に，大規模とはいえないWebサイトであっても，数百から数千のファイルで構成されており，Webサイト全体に影響がおよぶようなデザイン修正を行う場合，HTMLファイル内にCSSが直接記述されていると，すべてのファイルをチェックする必要があるため，その工数は膨大になる可能性があります．HTMLとCSSを別のファイルにすることで，デザイン修正などの体裁変更作業は，CSSファイルのみを書き換えるだけで行うことができ，Webサイト制作・管理作業に関する工数を大幅に削減できるため，適切な記述となります．④ユーザの特性に配慮した異なるCSSを用意し，ユーザ側で選択可能としておくことで，アクセシビリティの実現が容易となります．したがって，適切な記述となります．⑤複数のWebブラウザで同様の表示や機能を実現するためには，HTMLとCSSを別のファイルに分けるだけではなく，その記述内容がWeb標準に準拠するようにする必要があります．したがって，適切とはいえません．⑥通常のモニタで表示するためのCSSファイルのほかに，プリンタ出力に適したCSSファイルや，テレビ画面やスマートフォンに表示するためのCSSファイルを別に用意しておくことで，それぞれの出力機器に最適化した体裁を柔軟に実現できます．したがって，適切な記述となります．以上より，③，④，⑥が適切な説明となり，正解答は**ウ**となります．

d：**ア**のLAMPは現在でも無料で利用できます．**イ**のHTMLのバージョンによるサポートの有無は，WWWクライアントに依存するものでありWebサーバソフトウェアには影響しません．**エ**において，CGI利用を想定してつくられた言語と，そうでないものもあります．また，スクリプト言語は汎用的なものであり，特定のWebサーバソフトウェア専用ということはありません．したがって，正解答は**ウ**となります．

[解答：a．ア　　b．エ　　c．ウ　　d．ウ]

第8問

●出題領域：Webサイトを実現する技術
●問題テーマ：Webサイトを実現する技術の基礎，機能，言語
●解説

a：静的コンテンツがあらかじめ用意された情報を送信するのに対して，動的コンテンツはWWWクライアントからの要求内容やそのときの条件などに応じてコンテンツを生成して送信します．したがって，動的コンテンツは動画像など動きのあるコンテンツのことではないため，**ア**の説明は誤りです．動的コンテンツは，閲覧しているユーザに合わせて表示する内容を最適化することができるため，ECサイトに利用されます．したがって，**イ**は誤りです．動的コンテンツもHTML，CSS，画像を用いて構築されるため，**エ**は誤りです．静的・動的のどちらかに統一すべきということはなく，そもそもユーザ体験は静的・動的による違いはないため，**オ**は誤りです．したがって，正解答は**ウ**となります．

b：FastCGIでは，Webサーバソフトウェアと外部プログラム間での情報のやり取りをネットワーク経由で行うこともできます．それぞれを別のハードウェアで動作させることで，Webサーバ全体の高速性だけではなく，耐久性なども確保できるため，高負荷になる状態を抑えることが期待できます．したがって，**イ**が誤りとなり，正解答になります．

c：SQLインジェクションによって，データベースが不正に操作されることでWebサイトの改ざんや情報流出という被害が起こりうるため，**ア**は誤りです．SSL/TLSでクロスサイト・スクリプティングを防ぐことはできないため，**ウ**は誤りです．DoS攻撃は，サーバに対して大量のアクセスを集中させることでWebサーバのサービスを停止させる攻撃のことであるため，**エ**は誤りです．マルウェア（コンピュータウイルス）に感染したPCが，意図せず攻撃者として参加させられてしまうことがあります．このように不特定多数のPCにウイルスを感染させ，それらのPCから大量のアクセスを発生させる攻撃をDDoS攻撃とよびます．したがって，正解答は**イ**となります．

d：Ajaxは，既存の技術を基に実現していることが重要な特徴であり，そのため特別なプラグインなどを必要としません．したがって，**ア**が誤りとなり，正解答になります．

[解答：a．ウ　　b．イ　　c．イ　　d．ア]

第9問 ◆◆◆

●出題領域：Webサイトのテストと運用
●問題テーマ：Webサイトのテスト，運用
●解説

a：②JavaScriptの動作確認は，WebブラウザのJavaScript設定がオンである状態で確認すると同時に，オフの状態でもコンテンツに大きな影響がでないか確認を行ったほうがよいです．④過去のバージョンなども含めてすべての再生環境で表示確認することが理想的ではありますが，現実的には不可能です．⑤公開後も任意の時点で修正可能だとしても，公開前の検証作業では誤字・脱字などがないかなど，きめ細やかな検証を行うことが重要です．したがって，正解答は**ア**となります．

b：①キーワードとして想定する用語は，不自然なほどに多くちりばめると逆効果となります．③リスティング広告（検索連動型広告）はSEMとよばれる手法であり，SEOとともに実施することも多いですが，SEOの主要的な手法ではありません．④検索エンジンのアルゴリズムは，日々調整され，任意のタイミングで大幅な改修が行われるため，プログラムによる恒久的な対応は不可能です．したがって，正解答は**ウ**となります．

c：フォーム入力項目は，ユーザが迷うことなく入力できることが重要であり，詳細な注意書きはユーザにとって有益です．全入力項目をクリア（キャンセル）するボタンもHTMLの機能の1つであり，ユーザの入力補助として利用されるものです．JavaScriptなどを利用して各入力項目ごとにチェックする機能も同様です．これらに対して，申し込みのステップ（フロー）が不明確であったり，修正するために入力フォーム画面に戻る度にすべてがクリアされているなどの仕様は，ユーザにストレスを与えるため，離脱につながると考えられます．したがって，正解答は**オ**となります．

d：ユーザテストにおいて被験者は，Webサイトの操作などに精通した人ではなく，できる限り一般的な人を選ぶ方がよく，また，当該サイトを利用したことがないような人を選ぶ方が望ましいです．さらに，テスト中は被験者がどのように操作しているかを把握するために，ビデオ撮影などを利用して監視する必要があります．したがって，正解答は**エ**となります．

[解答：a．ア　　b．ウ　　c．オ　　d．エ]

第10問 ◆◆◆

●出題領域：Webサイトのテストと運用
●問題テーマ：Webサイトの運用
●解説

a：CMSは，コンテンツ作成のツールであり，情報の選定や掲載判断のために導入するものでありません．Webサイトへの迅速な公開も重要ですが，個々の担当者の判断だけで公開するのではなく，ワークフローとして公開内容に間違いや不都合がないことをチェックする必要があります．Webサイト運用の専任担当は必須ではありませんが，ほかの業務と併せて行うにしても，各担当者の役割を明確にしておくことは運用においては重要です．つねにユーザのニーズに合わせるために，Webサイトの情報公開の作業は繰り返し行うことになります．作業効率の向上とともに作業ミスの低減のため，作業手順を標準化することが重要です．したがって，正解答は**エ**となります．

b：Webサイトの更新ツールとして，CMSは広く利用されています．HTMLやCSSの知識がなくても利用できる利点があり，HTMLの形式を気にする必要は基本的にはありません．CMSの利用者や，コンテンツの公開スケジュールなどコンテンツ作成以外のさまざまな管理を行うために導入するメリットもあります．導入に際しての注意点として，Webサイトの種類や制作目的などに適したCMSの導入が必要であり，カスタマイズが発生する場合が多いです．とくにオープンソースのCMSの場合は，入手は無料ですが，カスタマイズのコストを見込んでおく必要があるため，自社で対応できない場合は，パッケージソフトウェアも含めて，導入検討をするべきです．場合によっては，CMSを自作した方が効率がよいこともあります．現在のCMSは，HTML生成と併せてRSSの生成も行う機能が通常あるため，RSS生成専用のツールの検討は必要ありません．したがって，正解答は**エ**となります．

c：Webサイトでは，さまざまなメンテナンス作業を行います．情報更新は，即時性を重視するだけでなく定期的に実施することで，ユーザの関心を保たせることができます．閲覧数から人気のあるコンテンツの傾向をつかみ，人気の得られそうなコンテンツに更新作業を注力することも有効です．情報更新の際にトップページに「What's New」など更新内容を通知する方法がありますが，古い更新情報の下に新しい情報を追記していくと更新に気がつかない可能性があるため最新の情報を上に追記するなどの工夫が必要です．また，Webサイト内に外部サイトへのリンクがあった場合，その外部サイトの更新で意図しないリンク切れが発生する可能性があるため担当しているコンテンツだけでなく，リンク先の状況も注意する必要があります．入力フォームはコンバージョンレートのボトルネックになることが多く，表示方法や入力内容，入力チェックなどフロントエンドのしくみなどで，改善を行うことができま

練習問題1　練習問題2　練習問題3

13

す．不要な情報の扱いとして，Webサイト内でリンクを削除しても，検索サイトから直接リンクされていることがあるため，不要な情報であることをわかりやすく掲示したり，強制的にほかのWebページに遷移させるなど工夫が必要です．したがって，正解答は**イ**となります．

d：Webサイトのリニューアルにあたって，現状把握を行うことは重要です．Webサーバのディスク使用量を調べることは重要ですが，コンテンツ数を調べるには適した情報ではありません．ファイル数やリンク数などが参照できます．トラッキングコードは調査したい範囲全体に埋め込むことで調査ができるものです．現状把握の方法として自サイトだけでなく，競合のWebサイトとベンチマークして調査することは重要です．どのようなユーザがWebサイトを利用しているか調べるには，アクセス数や流入数だけでは把握が難しいため，会員情報やアンケートなど多角的に調査をする必要があります．検索サイトからの誘導にはSEOやSEMの施策を行います．ランディングページの改善は，コンバージョンレートの向上などにつながります．SEMでは，キーワード広告の活用が代表的な施策であり，Webサイトを象徴するキーワードの把握と整理が重要になります．したがって，正解答は**オ**となります．

［**解答：a．エ　　b．エ　　c．イ　　d．オ**］

第1問 ◇◇◇

●出題領域：知的財産権
●問題テーマ：知的財産権
●解説

(1) 正解答は**イ**です．複製権などの著作権(著作財産権)は，全部または一部を譲渡することができます．一部の譲渡は，たとえば，期間を限定した譲渡，地域を限定した譲渡などです．

　　ア：複製権は，著作物を有形的に再製する権利であり，公衆を対象とする行為に限り権利がおよぶものではありません．他方，上演・演奏，公衆送信，口述，展示，上映などの無形的利用権は，公衆を対象とする行為に限り権利がおよぶとされています．

　　ウ：著作物の内容を勝手に改変されない権利は同一性保持権であり，著作者人格権の3つの権利のうちの1つです．

　　エ：複製権は，著作者が著作物を創作した時点で発生します．公表した時点で発生するものではなく，そもそも著作物を公表しなくても創作すれば発生しています．

(2) 正解答(適切でないもの)は**ウ**です．著作者は，著作物を創作すると自動的に著作権(著作財産権)と著作者人格権を取得しますが，著作隣接権は取得しません．著作隣接権は，著作物を創作する者ではありませんが著作物を公衆に伝達する実演家(俳優，歌手，演奏家，指揮者，演出家など)，レコード製作者，放送事業者，有線放送事業者に認められる権利であり，実演を行った時点，音を最初に固定(録音)した時点，放送を行った時点で発生します．

　　ア：2人以上の者が共同して創作し，その各人の寄与を分離して個別的に利用することができないものを共同著作物とよび，これらの著作者を共同著作者とよびます．その著作権は，共同著作者の共有となり，著作権を行使する場合は共同著作者全員の合意が必要です．

　　イ：映画の脚本の執筆者(脚本家)や，映画音楽の作曲者(映画音楽家)は，脚本や映画音楽が映画のなかに「部品」として取り込まれているため，全体としての「映画」の著作者ではありません(著作権法第16条)．

　　エ：著作者は，創作の時点で自動的に著作権(著作財産権，著作者人格権)を取得するため，同時に著作権者(権利を有する者)でもあります．

(3) 正解答は**ア**です．A氏のWebサイトの利用規約には，画像を使用するにあたって，画像の著作物の出所の明示が必要であることが書かれている場合があります．したがって，A氏のWebサイトの利用規約を必ず確認し，著作物の出所の明示，たとえば，「著作者名を表示せよ」との記載があれば，B氏が自分のWebサイトに画像を掲載する場合に画像の著作者名を表示することが必要です．もし，利用規約に反して，著作者名を表示しなければ，著作者の著作者人格権の侵害，具体的には(著作者人格権に含まれる)氏名表示権の侵害になります．

　　イ：「画像は使用料無料です」と記載されていても，画像の著作物は著作権によって保護されており，たとえば，著作者名を表示しないで画像を掲載すると，著作者の著作者人格権の侵害，具体的には氏名表示権の侵害になるおそれがあります．

　　ウ：画像は，A氏のWebサイトに掲載されているため，すでに公表されています．したがって，B氏が画像を自分のWebサイトに掲載した日付は，画像の著作物の公表日ではありません．なお，B氏は画像の著作者ではないため，画像の著作物の公表権(著作者人格権の1つ)を有していません．

　　エ：画像にトリミングなどの加工をしてしまうと，元の画像とは異なるものになり，画像の著作者の著作者人格権，具体的には同一性保持権の侵害になるおそれがあります．

(4) 正解答は**エ**です．相当な努力をしても著作権者が不明などで交渉できない場合は，文化庁長官の裁定を受け，通常の使用料に相当する補償金を供託することによって，著作物を利用することができます．

　　ア：利用の許諾を得たい著作物の分野の著作権管理団体(著作権等管理事業者)がある場合には，その団体を窓口として著作物の利用の許諾を得られる場合があります．この団体は著作権を集中して管理しており，著作権者が不明ではありません．

　　イ：著作物の権利をもつ権利者(著作権者)が明確であれば，その著作権者から著作権の譲渡を受けて，著作物を利用することができます．すなわち，著作権者が不明などで交渉できない場合には，著作権の譲渡を受けることはできません．

　　ウ：著作物の権利をもつ権利者(著作権者)が明確であれば，その著作権者から著作物の利用許諾(ライセンス)を得て，著作物を利用することができます．すなわち，著作権者が不明などで交渉できない場合には，著作物の利用許諾(ライセンス)を得ることはできません．

第2問 ○○

●出題領域：コンセプトメイキング
●問題テーマ：コンセプトメイキング
●解説

a：コンセプトメイキングとは，Webサイトの制作者がWebサイトの開設者とともに，その実現性や特性，方向性をより明確に具体化することで，目標とするWebサイトの全体像を決定していくプロセスを指しています．コンセプトメイキングの段階ではWebサイト開設者が想定しているユーザや提供したいサービスについて考慮することが重要であるため，①は誤りです．リニューアルの際にも，新規の場合と同様にコンセプトメイキングを行うことが重要であるため，④も誤りです．したがって，正解答は**カ**となります．

b：システムコンセプトの実現目標は，すでに構築されているインフラや，開発済みのシステムで実現可能なものに絞って設定するのではなく，コンセプトから導き出された具体的な機能などから設定することが重要であり，新たなインフラ構築やシステム開発も考慮すべきです．したがって，③は誤りです．デザインコンセプトをつくる際は，まずトップページやページ全体のデザインのイメージを固め，それから個々のパーツのデザインを詰めていきます．したがって，④は誤りであるため，正解答は**オ**となります．

c：サテライトサイトは，②，③，④のように，メインサイトでは展開しづらいコンテンツを発信したり，検索サイトでの集客面で有利な効果をねらったり，より幅広いユーザを自社サイトへと誘導するために用いられます．また，メインサイトではデザインの統一感を考慮することが求められるため，特定の商品などのWebページだけ異なったデザインにすることは難しいのですが，サテライトサイトでは比較的自由にデザインを展開できるというメリットもあります．①の場合はWebサイトごとに企画を立て，デザインを制作しなくてはならないため，一般的に制作費は高くなります．また，⑤のように第三者を装うことは，A社が運営するWebサイトだと知られた場合に，A社の評価を下げてしまう危険性があるため，行うべきではありません．したがって，正解答は**カ**となります．

d：スマートフォンの利用が進み，商品小売系（EC）のスマートフォンサイトも日常的に利用されています．ECサイトに求められるコンセプトは，PCサイトもスマートフォンサイトも共通する部分が多いですが，スマートフォンサイトを構築する際は，スマートフォンの特性や機能を考慮したコンセプトメイキングが求められます．また，スマートフォンはPCに比べて画面幅（ビューポート）が小さく，何かの合間に閲覧される傾向も強いことから，すばやく端的に情報が伝わるコンテンツとすることも求められます．とはいえ，ショッピングカート機能や各種決済機能など，ECサイトとして不可欠のサービス機能を省略しては，ECサイトとしての役割を果たしません．とくにスマートフォンの場合は，指での操作が基本となるため，操作しやすいようにボタン類を大きくするなど，スマートフォンの特性に合わせたユーザインタフェース設計を行うことも重要です．PCサイトとのイメージの統一を図るために，PCサイトのデザイン，構成，機能をまったく変更せずにそのままスマートフォンサイトにすることは避けなければなりません．したがって，正解答は**オ**となります．

第3問 ○○

●出題領域：コンセプトメイキング
●問題テーマ：さまざまな閲覧機器，ほかのメディアとの関係
●解説

a：レスポンシブウェブデザインでは，PC，スマートフォンのどちらも共通のURL，HTMLファイル，CSSファイルを用います．CSSファイルは基本的に共通のものが用いられますが，機器に合わせた設定を記述したCSSファイルを個別に適用することもあります．したがって，**ア**がレスポンシブウェブデザインに該当し，正解答となります．なお，**イ**は，PC，スマートフォンとも共通のURLにアクセスし，サーバ側で機器の種類を判別して専用のHTMLファイルやCSSファイルを配信する手法である，ダイナミックサービングに該当します．**ウ**は，PCとスマートフォンそれぞれ専用に用意されたURLにアクセスし，専用のHTMLファイルやCSSファイルをダウンロードする手法である，専用サイトに該当します．また，**オ**は，この手法において，異なる機器向けのURLにアクセスしまったときの対処であるWebサーバ側のリダイレクト（アクセスしてきた機器の種類に対応するURLに転送する処理）の場合を示しています．**エ**は，どの手法にもあてはまりません．

b：①のレスポンシブウェブデザインでは，Webブラウザの画面幅（ビューポート）を基準にしてレイアウトを行います．

したがって，PCで閲覧している場合でもWebブラウザの画面幅をスマートフォンの表示領域幅に狭めれば，スマートフォンとほぼ同様のレイアウトを確認できます．したがって，これはレスポンシブウェブデザインに関する適切な説明です．②のレスポンシブウェブデザインは，1つのHTMLでさまざまな機器に対応するため，ユーザインタフェースやデザインを各機器の特性に合わせて個別につくり込む場合には向いていません．したがって，これは適切な説明ではありません．③のページ数が多いうえに情報の更新頻度も高く，PCでもスマートフォンでも同様の情報を提供したい場合に，レスポンシブウェブデザインは向いています．したがって，これは適切な説明です．④のレスポンシブウェブデザインでは，データを受信した機器の側でCSSや，場合によってはJavaScriptの機能を用いて要素の配置や大きさの変更，表示・非表示を切り替え，その機器で見やすいように自動的にレイアウトを変えます．したがって，これは適切な説明ではありません．以上より，①と③がレスポンシブウェブデザインに関する適切な説明となり，正解答は**イ**となります．

c：①はテレビ広告，②は新聞広告，③は雑誌広告，④はラジオ広告の説明に該当するため，正解答は**エ**となります．

d：**ア**のインターネット広告は，広告配信するWebサイトの選択肢に幅があることから，特定のユーザ層をセグメントしたアプローチが行いやすいことが特徴です．したがって，この説明は誤りです．**イ**はインターネット広告について適切な内容であり，正解答となります．**ウ**のキーワード広告(検索連動型広告)は，キーワード検索を行った際に検索結果と連動して配信される広告です．もともとユーザが興味を抱いている検索キーワードと関連性の高い広告のみ配信されるため，キーワード広告は，ポータルサイトなどに設置されているバナー広告よりもクリック率が高く，この説明は誤りです．**エ**のテレビや新聞広告などによってインターネット広告への誘導を図り，商品の詳細な情報を提供するような組み合わせの広告手法のことを，クロスメディアとよびます．したがって，この説明は誤りです．

[解答：a．ア　　b．イ　　c．エ　　d．イ]

第4問

●出題領域：情報の構造
●問題テーマ：情報の収集と分類，組織化，Webサイト構造への展開
●解説

a：Webサイト制作のスケジュール策定に関する理解度を問うています．スケジュール策定は，プロジェクトの進捗を適正に管理するためのもので，一般に「準備期間」，「Webサイトプラン構築期間」，「実制作期間」，「テスト・検証期間」の4工程に分けられます．また，各工程をできるだけ厳密に想定し，進捗具合を検証するマイルストーンを設定するのも一般的です．さらに，スケジュールを適正に管理するためには，進捗を各担当スタッフに任せるのではなく，ディレクタなどが全工程を統括的に検証・管理することも重要です．目標設定は，「準備期間」に行うものであり，「Webサイトプラン構築期間」では，設定した目標を達成するための具体的な企画への落とし込みを行うことになります．したがって，正解答は**ア**となります．

b：情報の分類に関する理解度を問うています．一般に，情報は「位置」，「時間」，「50音順」，「カテゴリ」，「連続量」，「ファセット」の6つに分類されます．「位置」による情報分類は，都道府県といった物理的な位置だけでなく，人物の相関図などの概念的な位置情報も含みます．掲載日時をともなって公開される新着情報や企業沿革などの情報は「時間」による分類となります．書店などの「雑誌」，「文庫」，「新書」のように本が分類されているものは「カテゴリ」の分類にあたります．「連続量」による分類は，順位や変化量など連続した値をもつ指標による分類です．「ファセット」による分類は，価格やテーマ，色などあらゆる切り口(ファセット)によって分類する手法になります．したがって，正解答は**エ**となります．

c：情報を組織化する手法としては，情報を中心とした組織化と情報を利用するユーザを中心とした組織化があります．情報を利用するユーザを中心とした組織化では，ラベリングとナビゲーションという手法を用います．ラベリングには，顧客主観によって情報を組織化する方法と，トピック(主題)によって情報を組織化する方法があります．顧客主観による情報の組織化とは，ユーザの属性からユーザのグループを絞り込むことによって，その特性を明らかにし，その特性に合わせて提供すべき情報や語彙をまとめあげます．したがって，正解答は**ア**となります．

d：Webサイト構造への展開に関する理解度を問うています．Webサイト構造設計においては，ユーザの情報活用シーンを想定することが重要で，それを基にユーザビリティ，ホスピタリティなどを考慮して設計を行います．ユーザが迷わない導線を作成するためには，ユーザが移動する可能性のあるWebページをすべて把握したうえで，検討を進める必要があります．検索エンジンからのアクセスが主要となりつつある現在では，トップページ以外のランディングページという考え方を取り入れ，Webサイト構造を設計することも重要となっています．なお，Webサイト構造にはツリー構造型，データベース型，ハイパーテキスト型などのほかに，リニア構造型，ファセット構造型などもありますが，これらは必ずしも単一で利用することはありません．情報の内容や実装する機能性に応じて複数を組み合わせるハイブリッド型やファセット構造型を用いたWebサイトも多数存在しています．したがって，正解答は**イ**とな

17

ります.

[解答：a．ア　　b．エ　　c．ア　　d．イ]

第5問 ❖❖❖

●出題領域：インタフェースとナビゲーション
●問題テーマ：ユーザインタフェース，ナビゲーション，ナビゲーションデザインの手法
●解説

a：アは逆L字ナビゲーション型です．ユーザの視線移動の優先度が高い上部エリアにグローバルナビゲーションを，左袖エリアにローカルナビゲーションを配置し，2つのナビゲーションを組み合わせることで深い階層構造にも対応可能なレイアウトであり，コンテンツが膨大なうえに分類が複雑なWebサイトの情報整理に有用であることから，ナビゲーション要素が重要な場合に採用されます．イは上部ナビゲーション型です．Webページ内を上から下へと移動するユーザの視線を捕まえやすいため，左袖ナビゲーション型と同様にナビゲーションエリアが重視される場合に適しています．ウは右袖ナビゲーション型です．ユーザの視線はまず左側のコンテンツエリアに向かうためコンテンツが重視され，ナビゲーション要素の操作は補助的に用いられるWebページの場合に適しています．エは左袖ナビゲーション型です．ユーザの視線はまず左側のナビゲーションエリアに向かうため，ナビゲーション要素が重要な場合に採用されます．したがって，正解答はウとなります．

b：図1，図2に示されているナビゲーションはアコーディオンとよばれるナビゲーションです．つねにユーザが選択した情報のみを表示しておくことができるため，階層をもったナビゲーション構造を狭い画面のなかで実現することが可能です．アのスプリングボードは，画面全体にナビゲーション項目をアイコンとして配置することで，1タップで目的のコンテンツへ移動のしやすさを実現する手法です．イのスライドは，メニューボタンをタップすると，たとえば画面の左側，または右側からナビゲーションエリアを滑り込むように表示させる手法です．画面のほとんどをコンテンツエリアにすることが可能です．ウのタブは，画面上部などに配置された特定のタブをタップすると，そこに分類付けられたコンテンツやナビゲーション項目を表示させる手法です．どのような選択肢があるのか一目で把握しやすいナビゲーションを実現します．したがって，正解答はエとなります．

c：パンくずリストには，現在の位置情報を把握し，迷子になることを防ぐという利点があります．同時にユーザがWebサイト外からWebサイト内の下位階層に直接アクセスしてきた場合，パンくずリストが表示されていると上位階層の構造を把握することができます．したがって，正解答はオとなります．

d：ログイン画面の入力について問うています．図4では，パスワード入力前のユーザID入力時にアラートが表示されていることから，JavaScriptによってサーバへ送る前に入力ミスのチェックが行われていることがわかります．JavaScriptは，ユーザにもWebサーバにも負担軽減となります．なお，HTMLのみで実装されたフォームはユーザが情報をすべて入力しWebサーバに情報を送信したあとに入力ミスがチェックされることが多く，ユーザの負担にもなります．したがって，正解答はアとなります．

[解答：a．ウ　　b．エ　　c．オ　　d．ア]

第6問 ❖❖❖

●出題領域：動きの効果
●問題テーマ：動きの技法と表現，導入時の注意点，動画像コンテンツ
●解説

a：イは，コンテナフォーマットのなかに格納される動画像データや音声データの符号化（エンコード）と復号（デコード）を行うための技術をコーデックとよび，H.264, H.265, Windows Media Playerなどがあります．ウは，動画像を圧縮する方法です．エは，ディジタル著作権管理（DRM：Digital Rights Management）技術でディジタル化されたコンテンツの無制限な利用を防止し，権利者の利益を保護するための技術です．したがって，正解答はアとなります．

b：ロールオーバは，特定の部位にマウスオーバしたとき，その部位の色や画像などを別の色や画像に置き換える手法です．アは，おもにボタンをクリックした場合のユーザ体験に関する記述です．イの一定時間での切り替わり，エの場合のクリックは該当しません．したがって，正解答はウとなります．

c：イのように過剰な数の動きの要素が存在すると，個々の要素に目を引き付けることができなくなり，ユーザに不快感を与える危険性があります．ウのJavaScriptはOSやWebブラウザの種類，バージョンの違いに対する互換性が完全でないという問題があり，特定の環境のみを想定しまうと，それ以外の環境では閲覧が不可能になってしまいま

す．**エ**のアニメーション再生のために，長い時間ユーザの操作を受け付けられないという状況は避けなくてはなりません．したがって，正解答は**ア**となります．

d：**ア**は，動画像の撮影や音声収録が必要なコンテンツの制作においては，専門の機材や撮影・収録場所，制作技術をもったスタッフが必要となり，多額の制作コストがかかることが多くなってしまいます．コストをできるだけ抑えるために現場では，テレビ用に制作したCM画像を流用したり，CM撮影時にWebサイト用の映像撮影や音声収録も同時に行うなどの対処をしています．**イ**のWebサイト閲覧者は，さまざまな閲覧機器を利用してアクセスしています．制作者が想定した音量で再生できない閲覧機器から閲覧せざるをえないユーザもいるため，初期設定では音を出さずに，Webサイトのインタフェースに音量調整機能を用意し，ユーザの好みの音量へ調整できるようにすることが望ましいです．**ウ**は，ディジタル化されたコンテンツの無制限な利用を防止し，権利者の利益を保護するためのディジタル著作管理技術の説明であり，動画像データや音声データなどを暗号化し，正当な利用権利のない環境における視聴を不可能にするものです．**エ**の「著作権フリー」とうたう動画像や音データでも，使用方法を制限しているものがあるため，利用規約を十分に確認してから利用する必要があります．したがって，正解答は**エ**となります．

[解答：a．ア　　b．ウ　　c．ア　　d．エ]

第7問

●出題領域：Webサイトを実現する技術
●問題テーマ：Webサイトを実現する技術の基礎，機能，言語
●解説

a：**ア**について，非同期通信の場合も通信回線やWebサーバの反応が遅い場合はレスポンスが悪くなるため，遅延によるストレスはあります．**イ**のようにあらかじめ表示条件を含めてリクエストをする場合，XMLHttpRequestを使用しないため該当しません．XMLHttpRequestは，Webサーバとのやりとりをバックグラウンドで行うためクロスサイト・スクリプティングに対して脆弱性をもちやすくなります．とくにWebサーバと情報サーバのURLが違うクロスオリジンという状況では偽の情報を混入することが比較的容易になりやすく，とくに注意が必要であるため，**エ**は誤りです．XMLHttpRequestを使う場合，使用するデータすべてを最初にもつ必要がなく，起動時のデータ転送を最小限にすることができるため，表示を高速化することができます．したがって，正解答は**ウ**となります．

b：CSSは，Webサイト側，Webブラウザ側，ユーザ側のそれぞれで定義でき，各定義の効果を積み重ねる（カスケードさせる）ことができます．HTMLとは，別のファイルにCSSを記述することで，文書構造と体裁を分離させることができます．要素をドラッグ＆ドロップさせる機能は，CSSとは関係がありません．したがって，正解答は**ア**となります．

c：①のDBMSは，データベースの管理とデータの操作を行うためバックエンド技術です．②のCGIは，サーバソフトウェアが呼び出すプログラムであるためバックエンド技術です．③のHTMLはWebブラウザのウィンドウに情報を表示する技術であるため，フロントエンド技術です．④のCSSは，HTMLを描画する際に表示の形式をコントロールするフロントエンド技術です．⑤のWebGLは，3次元情報をWebブラウザに描画するフロントエンド技術です．⑥のApacheはWebサーバそのものであるため，バックエンド技術です．したがって，フロントエンド技術は③，④，⑤であるため，正解答は**ウ**となります．

d：**ア**の最新バージョンのWebブラウザどうしであっても，Web標準への準拠度や細かな機能面では差異があるため，Web制作者はWebブラウザのWeb標準への対応状況を把握する必要があります．**イ**のロボット型サーチエンジンのクローラは，Web標準に準拠しているかどうかに関わらずWebサイトの情報を収集します．Web標準に則った記述がなされていれば，クローラにより情報が正しく解析されることが期待できます．**ウ**の文書構造と体裁の分離を行うことにより，メンテナンス性が高まるだけでなく，アクセシビリティの実現も容易になりますが，ユーザビリティが高くなることとは直接関係がありません．したがって，正解答は**エ**となります．

[解答：a．ウ　　b．ア　　c．ウ　　d．エ]

第8問

●出題領域：Webサイトを実現する技術
●問題テーマ：Webサイトを実現する技術の基礎，機能，言語
●解説

a：**エ**は，データハンドリング機能ではなく，インタラクティブ機能に分類されます．したがって，正解答は**エ**となります．

b：Webサーバソフトウェアは，Webブラウザに対する窓口として，Webブラウザから入力されたキーワードを受け取

り，プログラムに処理を依頼します．プログラムは，DBMSに対してSQL文を発行し，DBMSは，抽出結果をプログラムに返します．プログラムは，DBMSから返されたデータを基にコンテンツページを生成し，Webサーバソフトウェアが生成されたコンテンツページをWebブラウザに送信します．したがって，正解答は**オ**となります．

c：JavaScriptによるHTMLやCSSの内容の書き換えは，フロントエンド側の処理だけで実現することができ，バックエンドの処理はともないません．したがって，正解答は**ウ**となります．

d：セキュリティホールを塞ぐために配布されるパッチは，自動で適用されるわけではないため，最新のセキュリティ情報にはつねに目を配っておく必要があります．HTMLフォームから入力した情報がWebサイトのコンテンツとして反映されるWebサイトにおいて，不正なスクリプトを送信し，閲覧者がそのWebサイトを表示した際に不正なスクリプトが実行されるようにすることは，クロスサイト・スクリプティングとよびます．エスケープ処理は，SQLインジェクションやクロスサイト・スクリプティングにおける対策です．DoS攻撃に対しては，アクセス元のPCからのアクセスを遮断することで攻撃を回避できます．したがって，正解答は**エ**となります．

[解答：a．エ　　b．オ　　c．ウ　　d．エ]

第9問

●出題領域：Webサイトのテストと運用
●問題テーマ：Webサイトのテスト，解析
●解説

a：ターゲットデバイスのテストとしては，できるだけ多くのデバイス，OS，およびWebブラウザで検証することが理想ですが，現実的には不可能です．JavaScriptの動作確認に関しては，WebブラウザのJavaScript設定がオンである状態で確認すると同時に，オフの状態でもコンテンツが適切に表示されるか（最低限必要な情報が表示されるか）などの確認も行うことが望ましいです．また，入力フォームのテストにおいては正常な値の入力テストだけでなく，異常な値を入力したときにも適正なエラーが出力されるかなどもテストする必要があります．したがって，正解答は**イ**となります．

b：ユーザテストでは，被験者はWebサイトの操作に精通した人ではなく，できる限り一般の人を選ぶ方がよいです．また，事前にWebサイトの使い方などは説明せず，できるだけ初めて利用するような状態でテストすることが重要です．また，テスト中は被験者がどのように操作しているかを把握するために観察し，場合によってはその場でインタビューなどをする必要があります．したがって，正解答は**エ**となります．

c：**ア**のセッション数（ビジット数）は，図1〈3〉のように一定期間内にWebサイトを訪れた延べ人数をカウントした数のことになります．**イ**のクリック数は，バナー広告やテキスト広告が指標となる数値のことであり，図〈1〉〜〈4〉にあてはまりません．**ウ**の参照されたWebページの閲覧数をカウントした数のことをページビューとよびます．ページビューは，aspファイルやphpファイルなど，コンテンツとしてカウントすべきものも数に含まれます．したがって，正解答は**ウ**となります．**エ**のヒット数は，図1〈1〉のように，参照されたWebページのすべてのファイルをカウントした数のことです．なお，図1〈4〉はユニークユーザ数です．

d：Webサイトの解析は，Webサイト公開後でもアクセスログ解析や経路解析，コンバージョンレートなどたくさんの解析を行えます．コンバージョンレートとは，Webサイト内におけるすべてのアクセスのうち，そのWebサイトの最終目標と設定しているページへのアクセスなどのアクションが発生した割合のことです．広告によって収入を得ているWebサイトにとって重要な指標はインプレッション数やクリック数です．また，**ウ**と**エ**のリファラ分析と経路分析は，それぞれ説明が逆になります．したがって，正解答は**オ**となります．

[解答：a．イ　　b．エ　　c．ウ　　d．オ]

第10問

●出題領域：Webサイトのテストと運用
●問題テーマ：Webサイトの解析，運用
●解説

a：②CMSを導入しなくてもHTMLなどの専門知識があればコンテンツの編集，追加は可能です．④CMSを用いることでテンプレートによるWebサイト制作も可能ですが，カスタマイズをすることでオリジナリティのあるデザインのWebサイトを作成することも可能です．⑤CMSを導入したからといって，すべてのOSや閲覧環境での表示を保証するものではありません．したがって，①，③，⑥の効果の説明が適切であるため，正解答は**イ**となります．

練習問題 1

練習問題 2

練習問題 3

b：Webサイト運用を安全かつ効率的に行うためには，適切なワークフローを構築してドキュメント化しておく必要が
あります．ただし，CMSは必ずしも必要ではありません．また，運用時には，コンテンツの修正，追加などが必要と
なるため，コンテンツ更新と同時にメンテナンス作業も必須です．更新作業はできるだけ定型化，定常化し，社内で
一貫したワークフローに基づいたものにすることが重要です．Webサイト運用は，担当者だけに任せるものではあ
りません．専任担当者はWebサイト全体の管理を行い，個々のコンテンツ内容の管理は各部署ごとに責任をもって
管理することが一般的です．したがって，正解答は**ア**となります．

c：SEOは適切に実施することで，検索エンジンの検索結果画面で上位表示される可能性が高まりますが，ユーザが検
索エンジンからアクセスするページをトップページに限定するものではありません．検索エンジンの検索結果画面
に広告として表示するリスティング広告はSEMとよばれ，SEOとは別の施策となります．したがって，正解答は**カ**と
なります．

d：トラッキングコードによるアクセス解析は，アクセスログには記録できないような情報も多く取得することができ，
また，Webブラウザの「戻る」ボタンの操作があっても矛盾のない解析が可能です．トラッキングコードは，Webサイ
トの運用中でも導入することができますが，導入以前の情報を得ることはできません．また，解析が必要なHTML
データにおもにJavaScriptによるトラッキングコードを記述する必要があり，ある程度の導入コストがかかります．
したがって，正解答は**イ**となります．

［解答：a．イ　　b．ア　　c．カ　　d．イ］